目　录

模块 1　蔬菜栽培入门

信息采集单

第　　组　　　　　姓　名：　　　　　　　　　　　时　间：

任务名称	蔬菜栽培概述信息采集
目的要求	通过听教师讲解和线上线下自主学习，收集信息，掌握蔬菜的定义，蔬菜的营养价值，认知蔬菜栽培的含义及特点、蔬菜产业的重要地位，了解我国蔬菜产业发展现状和发展趋势。

1. 举例说明蔬菜的定义，列举蔬菜中营养物质

2. 什么是"蔬菜栽培"？与其他作物栽培相比较，蔬菜栽培有哪些特点

3. 简述蔬菜产业在国民经济和人民生活中的重要地位

指导教师签字：

学习成果汇报单

第　组　　　　　　　姓　名：　　　　　　　　时　间：

任务名称	蔬菜产业现状及发展趋势学习成果汇报	
目的要求	通过线上线下学习，收集相关数据、案例等佐证材料，丰富学习内容。小组成员均填写学习成果汇报单，并以小组为单位向全班同学汇报。	
材料用具	网络、图书、期刊等。	
汇报内容		相关数据、案例
1. 我国蔬菜产业取得的成绩		
2. 我国蔬菜产业存在的问题		
3. 我国蔬菜产业的发展趋势		

	考核项目	分值	得分
考核标准	学习态度端正，能认真完成线上线下自主学习	20分	
	认真填写学习成果汇报单	20分	
	数据可靠，案例适当，提纲条理清晰	20分	
	表达流畅，能正确回答老师和同学提出的问题	30分	
	组内任务分工合理，成员积极配合	10分	
	合　　计	100分	

指导教师签字：

拓展学习作业单

| 第　　组 | 姓　名： | 时　间： |

任务名称	了解家乡所在省（市、区）蔬菜产业发展状况
目的要求	通过查找资料和自主学习，了解家乡所在省（市、区）蔬菜产业发展现状，找出本省（市、区）蔬菜产业存在的问题并为家乡蔬菜产业发展提出建议。

1. 列举近年来家乡所在省（市、区）蔬菜播种面积（设施蔬菜面积）、产量、产值及主产区

2. 列举家乡所在省（市、区）蔬菜产业优势及存在的问题

3. 请为家乡所在省（市、区）蔬菜产业发展献计献策

指导教师签字：

信息采集单

第 　 组　　　　　　姓　　名：　　　　　　　　　　时　　间：

任务名称	蔬菜的识别与分类信息采集
目的要求	通过教师讲解、实地调查、线上学习和训练，掌握三种蔬菜分类方法的分类依据及各种类型的代表蔬菜。

1. 植物学分类法的分类依据是什么？有何优缺点

2. 食用器官分类法的分类依据是什么？有何优缺点

3. 农业生物分类法的分类依据是什么？有何优缺点

指导教师签字：

学习成果汇报单

| 第 组 | 姓 名： | 时 间： |

任务名称	绘制蔬菜分类的思维导图
目的要求	根据所学知识，以小组为单位，设计并绘制蔬菜三种分类方法的思维导图，并能根据该图熟练讲解各种分类方法的分类依据及优缺点。

绘制草图：

指导教师签字：

田间调查作业单

第　　　组		姓　　名：		时　　间：		
任务名称		常见蔬菜的识别及形态特征调查				
目的要求		通过图片、浸渍标本和田间调查，熟悉常见蔬菜的形态特征，能快速识别至少20种蔬菜（植株或产品器官），并掌握各种蔬菜的不同分类法中的分类地位。				
材料用具		各种蔬菜图片、浸渍标本、植株和产品器官。				
序号	蔬菜名称	植物学分类法	食用器官分类法	农业生物学分类法	备注	
1						
2						
3						
4						
5						
6						
7						
8						
9						
10						
11						
12						
13						
14						
15						
16						
17						
18						
19						
20						

指导教师签字：

学习成果考核表

第　　组　　　　　　　姓　　名：　　　　　　　　时　　间：

考核内容	蔬菜的识别与分类			
目的要求	利用幻灯片自动放映各种蔬菜图片20张，根据序号写出幻灯片上的蔬菜名称及其分类地位，考核时间15min。			
序号	蔬菜名称（2分）	植物学分类法（1分）	食用器官分类法（1分）	农业生物学分类法（1分）
1				
2				
3				
4				
5				
6				
7				
8				
9				
10				
11				
12				
13				
14				
15				
16				
17				
18				
19				
20				
分数合计				

指导教师签字：

信息采集单

| 第　　　组 | | 姓　　名： | 时　　间： |

任务名称	蔬菜种子及其播前处理信息采集
目的要求	通过线上线下自主学习，收集信息，掌握蔬菜种子的含义、形态结构、寿命与使用年限及蔬菜种子质量检验内容。

1. 从蔬菜栽培的角度，简述蔬菜种子的含义

2. 绘图并说明种子的结构

3. 种子的寿命和使用年限有什么区别？分别列举1~3个使用年限较长和较短的蔬菜种子

4. 种子质量检验包括内容

指导教师签字：

田间调查作业单

第   组   姓   名：   时   间：

任务名称	蔬菜种子的识别	
目的要求	认真观察蔬菜种子标本，掌握常见蔬菜种子的外部特征，并绘制简图、进行简单描述。能迅速识别常见蔬菜种子至少10种。通过解剖镜观察无胚乳种子和有胚乳种子的内容结构。	
材料用具	蔬菜种子标本40种以上；浸泡后的菜豆种子，菠菜种子，解剖镜，刀片。	
种子名称	绘制简图	特征描述

指导教师签字：

生产实训技能单

第　　组　　　　　　姓　　名：　　　　　　　　时　　间：

任务名称	种子质量检验和播前处理		
目的要求	掌握蔬菜种子检验的主要内容和方法，学会种子消毒、浸种催芽等播种前处理基本方法，能正确测定种子的发芽势和发芽率。		
材料用具	蔬菜种子；天平、烧杯、玻璃棒、培养皿或发芽盒；电磁炉、恒温箱；纱布或滤纸等。		

1. 温汤浸种

2. 恒温催芽

3. 测定发芽势和发芽率

考核标准	考核项目	分值	得分
	正确完成温汤浸种的操作步骤	30分	
	按要求完成催芽前期工作	10分	
	催芽期间认真管理并调查	40分	
	正确计算发芽势和发芽率	20分	
	备注：可根据生产周期连续考核	100分	

指导教师签字：

信息采集单 1

第　　组　　　　　　　姓　　名：　　　　　　　　　　　时　　间：

任务名称	蔬菜生长发育周期信息采集
目的要求	通过教师讲解和线上线下自主学习，了解常见蔬菜生育周期的划分情况及每个阶段的栽培注意事项。

1. 蔬菜的生长发育周期

2. 根据蔬菜生育周期的长短，可将蔬菜分为几大类？并举例

3. 蔬菜生长发育周期的结构简图

指导教师签字：

田间调查作业单 1

第　　组　　　　　　　　姓　　名：　　　　　　　　　时　　间：

任务名称	蔬菜生育周期及特性调查	
目的要求	田间实地调查正在生长（或贮藏）的各种蔬菜（至少5种），判断其所处的生长发育周期，并说出该阶段的特性和栽培注意事项。	
材料用具	蔬菜生产基地，栽培至少5种蔬菜。	
蔬菜名称	所处生育期	生长特性及栽培注意事项
例：黄瓜	种子形成期（结果期）	加强田间管理，为种株提供良好的营养和光照等环境条件，以提高种子的质量和生活力。

指导教师签字：

信息采集单 2

第　　组　　　　　　姓　　名：　　　　　　　　　　时　　间：

任务名称	蔬菜栽培环境信息的采集
目的要求	通过线上线下自主学习，了解蔬菜生长发育对温、光、水、肥、气等环境条件的要求，掌握温周期现象、春化现象、光周期现象及其在生产中的应用。

1. 绘制简图说明根据蔬菜作物对温度、光照和水分要求的不同，将蔬菜分类

例：

多年生宿根蔬菜

对温度
的要求

对光照
的要求

对水分
的要求

2. 举例说明温周期现象及其在蔬菜栽培中的应用

3. 举例说明春化现象及其在蔬菜栽培中的应用

4. 举例说明光周期现象及其在蔬菜栽培中的应用

指导教师签字：

学习成果汇报单

| 第　　组 | | 姓　名： | | 时　间： | |

任务名称	绘制蔬菜的栽培环境思维导图
目的要求	根据所学知识，以小组为单位，设计并绘制蔬菜栽培环境的思维导图，并能根据该图熟练讲解蔬菜作物对环境条件的要求。

绘制草图：

指导教师签字：

信息采集单 3

第　　组　　　　　　姓　　名：　　　　　　　　　时　　间：

任务名称	蔬菜栽培制度信息采集
目的要求	通过教师讲解和线上线下自主学习，了解蔬菜连作的含义及其危害，掌握蔬菜轮作、间混套作的含义及其实施原则，学会根据蔬菜生育特性安排蔬菜栽培茬口。

1. 什么叫连作？连作有哪些危害

2. 什么叫轮作？轮作的基本原则是什么

3. 什么叫间作、混作和套作？合理间混套作的原则是什么

4. 列举蔬菜栽培的主要生产茬口

指导教师签字：

田间调查作业单 2

第　　　组　　　　　　　姓　　　名：　　　　　　　　　时　　　间：

任务名称	蔬菜栽培茬口调查				
目的要求	田间实地调查5种主栽蔬菜的栽培方式和育苗方式以及播种期、定植期、采收期的安排。				
材料用具	蔬菜生产基地。				
蔬菜名称	栽培茬口	育苗方式	播种期	定植期	采收期

指导教师签字：

生产实训技能单

第　　组　　　　　　　姓　　名：　　　　　　　　　时　　间：

任务名称	某种蔬菜周年生产茬口安排
目的要求	掌握蔬菜季节茬口安排的基本原则，根据当地气候条件和设施应用类型，设计某种主栽蔬菜的周年生产茬口。
材料用具	相关技术资料。

1. 确定蔬菜种类，了解其生物学特性
  （1）基本情况：
  （2）生育周期：
  （3）对环境条件的要求：

2. 调查当地可使用的设施类型

3. 周年生产作业历设计

考核标准	考核项目	分值	得分
	充分了解所选蔬菜的生物学特性	30分	
	充分了解当地可使用的设施类型及应用季节	20分	
	制定较为合理的某种蔬菜周年生产作业历	40分	
	能合理应用轮作和间混套作等栽培模式	10分	
	合　计	100分	

指导教师签字：

信息采集单 1

第　　组　　　　　　　　　姓　　名：　　　　　　　　　时　　间：

任务名称	蔬菜的商品质量
目的要求	通过线上线下自主学习，了解常见蔬菜商品质量所包含的内容及要求。

1. 蔬菜的商品质量包括哪几层含义

2. 举例说明蔬菜外观商品质量的内容

3. 蔬菜的平均营养价值是怎样计算的

4. 蔬菜产品中有害物质主要包括哪些种类

指导教师签字：

项目 1-5 蔬菜的商品质量与无公害蔬菜生产

工作计划单

| 第　　组 | 姓　名： | | 时　间： |

任务名称	绘制蔬菜商品质量思维导图
目的要求	根据所学知识，以小组为单位，设计并绘制蔬菜商品质量思维导图，并能根据该图熟练讲解与蔬菜商品质量相关的内容。

绘制草图：

指导教师签字：

生产实训技能单

第　　　组　　　　　　　姓　　名：　　　　　　　时　　间：

任务名称	蔬菜产品质量规格分级
目的要求	根据NY/T1587—2008《黄瓜等级规格》规定，对黄瓜产品进行等级和规格划分。有条件的可进行包装。 注：可根据实际情况替换成其他蔬菜种类。
材料用具	黄瓜产品（5kg/小组），直尺，游标卡尺，电子秤。

1. 根据标准，挑选符合基本要求的黄瓜产品。
   （1）
   （2）
   （3）
   （4）

2. 按要求进行等级划分。
   （1）
   （2）
   （3）
   （4）
   （5）

3. 按要求进行规格划分。
   （1）大（L）：　　　长度（　　　　）　　整齐度（　　　　　　）
   （2）中（M）：　　　长度（　　　　）　　整齐度（　　　　　　）
   （3）小（S）：　　　长度（　　　　）　　整齐度（　　　　　　）

考核标准	考核项目	分值	得分
	正确判定黄瓜产品是否符合基本要求	20分	
	准确测量瓜条弓形高度和粗细均匀度	40分	
	准确测量并计算瓜把长度占总瓜长的比例	20分	
	正确按规格划分黄瓜产品，长度、整齐度均符合要求	20分	
	合　计	100分	

指导教师签字：

项目 1-5 蔬菜的商品质量与无公害蔬菜生产

<h2 style="text-align:center">信息采集单 2</h2>

第　　组　　　　　　姓　　名：　　　　　　　　时　　间：

任务名称	无公害蔬菜生产信息采集
目的要求	通过学生线上线下自主学习和教师讲解，了解无公害蔬菜生产的重要意义，了解无公害蔬菜对产地环境的要求，掌握无公害蔬菜生产的关键技术措施。

1. 发展无公害蔬菜有什么重要意义

2. 无公害蔬菜对产地环境有什么要求？主要检测哪些环境指标

3. 无公害蔬菜怎样进行科学施肥

4. 无公害蔬菜生产怎样对病虫害进行综合防治

指导教师签字：

田间调查作业单

第　　　组　　　　　　　姓　名：　　　　　　　　　时　间：

任务名称	无公害蔬菜生产基地调查
目的要求	实地考察无公害蔬菜生产基地，调查并了解无公害生产施肥和防治病虫害的主要技术措施。
材料用具	无公害蔬菜生产基地。

基地名称		地址	
主栽蔬菜种类			
主要销售方式		市场价格	

施肥措施	已采用措施： 建议：
防治病虫害的措施	已采用措施： 建议：

指导教师签字：

拓展学习作业单

第　　组	姓　　名：	时　　间：

任务名称	食品安全相关知识	
目的要求	通过查找资料和自主学习，了解无公害农产品、绿色食品、有机食品的含义及其相同点和不同点。	

1. 简述无公害农产品、绿色食品和有机食品的含义。

2. 三者有哪些相同点和不同点？

3. 说明下列标识的含义和认证机构。

指导教师签字：

信息采集单

第　　　组　　　　　姓　　名：　　　　　　　时　　间：	
任务名称	蔬菜栽培设施信息采集
目的要求	通过教师讲解、线上线下自主学习和实地调查，了解常见蔬菜栽培设施的类型、结构尺寸和性能，掌握温室大棚小气候特点及其调控措施。

1. 绘图说明塑料大棚的结构及各组成部分的作用

2. 绘图说明日光温室的结构及各组成部分的作用

3. 现代化温室的生产系统包括哪些设备

4. 温室大棚如何应对灾害性天气

指导教师签字：

学习成果汇报单 1

| 第　　　组 | | 姓　名: | | 时　　间: |

任务名称	绘制"蔬菜栽培设施类型"思维导图
目的要求	根据所学知识,以小组为单位,设计并绘制蔬菜栽培设施类型的思维导图,并能根据该图熟练讲解各种设施类型的结构及性能。

绘制草图:

指导教师签字:

学习成果汇报单 2

第　　组		姓　　名：		时　　间：

任务名称	绘制"设施环境特点及调控"思维导图
目的要求	根据所学知识，以小组为单位，设计并绘制设施环境特点及调控的思维导图，并能根据该图熟练讲解各种设施小气候环境特点及调控措施。

绘制草图：

指导教师签字：

田间调查作业单 1

第　　组　　　　　　姓　　名：　　　　　　　　　时　　间：

任务名称	塑料大棚、日光温室骨架结构和规格尺寸调查
目的要求	实地考察钢架结构塑料大棚和日光温室，调查其骨架材料，并测量大棚温室的规格尺寸。
材料用具	钢架结构大棚、日光温室、米尺、钢卷尺、游标卡尺。

对钢架结构大棚调查的数据

长度/m		跨度/m		高度/m	
面积/m²		拱架间距/m		棚型	

拱架	材料	长度/m	直径/cm	数量
	上弦： 下弦： 腹杆：	上弦： 下弦： 腹杆：	上弦： 下弦： 腹杆：	上弦： 下弦： 腹杆：

拉筋	材料	长度/m	直径/mm	数量

压膜线	材料	长度/m	直径/宽度/cm	数量

对日光温室调查的数据

长度/m		脊高/m		后墙高/m	
跨度/m		前屋面水平投影/m		后屋面水平投影/m	
前屋面采光角		后屋面仰角		墙体厚度/cm	

后墙	材质	结构	山墙	材质	结构

拱架	材质	结构	后屋面	材质	结构

透明覆盖物	树脂原料	厚度/mm	外保温覆盖物	材质	厚度/cm

辅助设施	

指导教师签字：

田间调查作业单 2

第　　组　　　　　姓　　名：　　　　　　时　　间：

任务名称	日光温室小气候环境观测与调控
目的要求	上午8时，各小组进入温室，分别在温室中部、东西两侧山墙下、前底脚处和后屋面下选择不同的观测点进行观测，每个测量结果读数三次，取平均值。同时收集各组观测数据填入表中。通过观测了解日光温室内小气候环境特点，学会通风、清洁棚膜和使用卷帘机。并能通过调控前后的测量数据比较，体会调控效果。
材料用具	照度计、温度计、干湿球温度计等。

日光温室内不同部位的小气候环境比较

观测点1	观测点2	观测点3	观测点4	观测点5
光照度： 气温： 地表温度： 空气湿度：	光照度： 气温： 地表温度： 空气湿度：	光照度： 气温： 地表温度： 空气湿度：	光照度： 气温： 地表温度： 空气湿度：	光照度： 气温： 地表温度： 空气湿度：

结论：

调控对小气候环境的影响

清洁棚膜前	清洁棚膜后
光照度： 气温： 地表温度： 空气湿度：	光照度： 气温： 地表温度： 空气湿度：

通风前	通风0.5h后
光照度： 气温： 地表温度： 空气湿度：	光照度： 气温： 地表温度： 空气湿度：

结论：

指导教师签字：

模块 2　露地蔬菜秋冬季栽培

信息采集单

第　　　组	姓　　名：	时　　间：

任务名称	露地菠菜越冬栽培信息采集
目的要求	通过线上线下自主学习，收集信息，了解菠菜的生长发育特点及常见品种类型。

1. 菠菜的生育周期是怎样划分的

2. 菠菜对环境条件有什么要求

3. 菠菜分为哪几种类型，各有何特点

指导教师签字：

工作计划单

第　　组　　　　　　　姓　　名：　　　　　　　　时　　间：

任务名称	制定露地菠菜越冬栽培生产计划
目的要求	根据当地的气候条件，确定露地菠菜越冬栽培的播种期和收获期，制定生产作业历，并考虑越冬菠菜的生长特点，选择抗寒性较强的优良品种。列出所需生产资料清单并进行预算，制定生产技术路线。

1. 露地菠菜越冬栽培作业历

栽培茬次	播种期	出苗期	浇封冻水	返青期	收获期

2. 品种选择

3. 材料用具及预算

4. 露地菠菜越冬栽培的技术路线

指导教师签字：

生产实训技能单 1

第　　组　　　　　　　姓　　名：　　　　　　　　　　时　　间：

任务名称	整地做畦播种
目的要求	通过实际操作学会平整土地、施基肥、翻耕耙平、做低畦、播种等基本技能。
材料用具	锹、镐、耙等常用农具，菠菜种子，灌溉设备。

1. 整地施基肥

2. 做畦

3. 播种

考核标准	考核项目	分值	得分
	能正确确定播种期	10分	
	按要求平整土地，施基肥，耕翻耙平	20分	
	按要求做出菠菜播种畦	30分	
	正确完成播种、覆土等工作任务	40分	
	备注：可根据生产周期连续考核	100分	

指导教师签字：

生产实训技能单 2

第　　组　　　　　　　　姓　　名：　　　　　　　　时　　间：

任务名称	菠菜越冬前管理
目的要求	通过实际操作掌握蔬菜追肥灌水、间苗除草、松土等基本技能。
材料用具	化肥，农具，灌溉设备等。

1. 发芽期管理

2. 幼苗期管理

3. 生长盛期管理

考核标准	考核项目	分值	得分
	按要求完成发芽期管理，出苗率较高	20分	
	按要求完成间苗、松土、除草等工作任务	30分	
	按要求完成追肥、灌水和病虫害防治等工作任务	30分	
	正确浇灌封冻水	20分	
	备注：可根据生产周期连续考核	100分	

指导教师签字：

田间调查作业单 1

第　　组　　　　　　姓　　名：　　　　　　　时　　间：

任务名称	菠菜生长发育周期调查		
目的要求	跟踪调查并记录菠菜生长发育周期，了解不同时期的生育特性，掌握不同时期的栽培技术要点。提供菠菜不同生育期的图片。		
材料用具	不同生育时期的菠菜植株。		
生育时期	起止日期（天数）	生育特性	栽培要点
发芽期			
幼苗期			
生长盛期			
抽薹开花期			
产量估算			

指导教师签字：

田间调查作业单 2

第　　组　　　　　　　　　姓　　名：　　　　　　　　　时　　间：

任务名称	菠菜形态特征调查	
目的要求	调查菠菜植株的形态特征，掌握其特征特性与栽培的关系。提供菠菜各器官的图片。	
材料用具	菠菜旺盛生长期植株。	
调查内容	特征特性	与栽培的关系
根		
茎叶		
花		
果实种子		

指导教师签字：

信息采集单

第　　组　　　　　　　姓　　名：　　　　　　　　　　时　　间：

任务名称	露地大白菜秋季栽培信息采集
目的要求	通过线上线下自主学习，收集信息，了解大白菜的生长发育特点及常见品种类型。

1. 大白菜的生育周期是怎样划分的

2. 大白菜对环境条件有什么要求

3. 大白菜分为哪几种类型，各有何特点

指导教师签字：

工作计划单

第　　组　　　　　　　　姓　名：　　　　　　　　时　间：

任务名称	制定露地大白菜秋季栽培生产计划
目的要求	根据当地的气候条件，确定露地大白菜秋季栽培的播种期和收获期，制定生产作业历。并考虑大白菜的生长特点和销售地的消费习惯，选择丰产抗病的优良品种。列出所需生产资料清单并进行预算。制定生产技术路线。

1. 露地大白菜秋季栽培作业历

栽培茬次	播种期	出苗期	定苗期	收获期

2. 品种选择

3. 材料用具及预算

4. 露地大白菜秋季栽培的技术路线

指导教师签字：

生产实训技能单

第　　组　　　　　　　　姓　名：　　　　　　　　　时　　间：

任务名称	白菜莲座期和结球期管理
目的要求	通过实际操作掌握大白菜莲座期和结球期水肥管理方法，学会束叶、采收、晾晒等基本技能。
材料用具	常用农具、肥料、灌溉设备等。

1. 莲座期管理

2. 结球期管理

3. 收获

考核标准	考核项目	分值	得分
	能正确追施"发棵肥"并蹲苗	20分	
	能正确完成结球期的水肥管理工作	30分	
	按要求完成束叶	20分	
	正确完成收获、晾晒等工作任务	30分	
	备注：可根据生产周期连续考核	100分	

指导教师签字：

田间调查作业单 1

第　　　组　　　　　　　姓　　名：　　　　　　　时　　间：

任务名称	大白菜生长发育周期调查		
目的要求	跟踪调查并记录大白菜生长发育周期，了解不同时期的生育特性，掌握不同时期的栽培技术要点，提供大白菜不同生育期的图片。		
材料用具	不同生育时期的大白菜植株。		
生育时期	起止日期（天数）	生育特性	栽培要点
发芽期			
幼苗期			
生长盛期			
抽薹开花期			
产量估算			

指导教师签字：

田间调查作业单 2

第　　组　　　　　　姓　　名：　　　　　　　　　　时　　间：

任务名称	大白菜形态特征调查	
目的要求	调查大白菜植株的形态特征，掌握其特征特性与栽培的关系。提供白菜各器官的图片。	
材料用具	大白菜旺盛生长期植株。	
调查内容	特征特性	与栽培的关系
根		
茎叶		
花		
果实种子		

指导教师签字：

拓展学习作业单

第　　组　　　　　　姓　　名：　　　　　　　　时　　间：

任务名称	大白菜越夏栽培技术方案
目的要求	根据与大白菜栽培相关的知识技能，查阅资料，制定大白菜越夏栽培生产计划。

1. 制定大白菜越夏栽培作业历

2. 大白菜越夏栽培应准备哪些材料用具？大致生产投入是多少

3. 制定大白菜越夏栽培的生产方案

指导教师签字：

信息采集单

第　　组　　　　　　　姓　名：　　　　　　　　时　间：

任务名称	露地萝卜秋季栽培信息采集
目的要求	通过线上线下自主学习，收集信息，了解萝卜的生长发育特点及常见品种类型。

1. 萝卜的生育周期是怎样划分的

2. 萝卜对环境条件有什么要求

3. 萝卜按栽培季节可分为哪几种类型，各有何特点

指导教师签字：

工作计划单

第　　组　　　　　　　姓　　名：　　　　　　　　　　时　　间：

任务名称	露地萝卜秋季栽培生产计划
目的要求	根据当地的气候条件，确定露地萝卜秋季栽培的播种期和收获期，制定生产作业历。考虑萝卜的生长特点和销售地的消费习惯，选择丰产抗病的优良品种。列出所需生产资料清单并进行预算。制定生产技术路线。

1. 露地萝卜秋季栽培作业历

栽培茬次	播种期	出苗期	定苗期	收获期

2. 品种选择

3. 材料用具及预算

4. 露地萝卜秋季栽培的技术路线

指导教师签字：

生产实训技能单

第　　组　　　　　　姓　　名：　　　　　　　　时　　间：

任务名称	萝卜莲座期和肉质根生长盛期管理
目的要求	通过实际操作掌握萝卜莲座期和肉质根生长盛期水肥管理方法，学会萝卜收获和采后处理等基本技能。
材料用具	常用农具、肥料、灌溉设备等。

1. 莲座期管理

2. 肉质根生长盛期管理

3. 收获

考核标准	考核项目	分值	得分
	能正确完成莲座期水肥管理工作	30分	
	能正确完成肉质根生长盛期的水肥管理工作	30分	
	能确定萝卜的适宜收获期	10分	
	正确完成萝卜收获和采后处理等工作任务	30分	
	备注：可根据生产周期连续考核	100分	

指导教师签字：

田间调查作业单 1

第　　组　　　　　　姓　　名：　　　　　　　　　时　　间：

任务名称	萝卜生理障害调查		
目的要求	通过田间调查和查阅资料，了解萝卜常见生理障害的类型和表现症状，掌握其发生原因和防治措施。		
材料用具	萝卜生产田，图书、网络资源。		
生理障害名称	症状	原因	防治措施

指导教师签字：

田间调查作业单 2

第　　组　　　　　　姓　　名：　　　　　　　　　　时　　间：

任务名称	萝卜形态特征调查	
目的要求	调查萝卜植株的形态特征，掌握其特征特性与栽培的关系。提供萝卜各器官的图片。	
材料用具	萝卜旺盛生长期植株。	
调查内容	特征特性	与栽培的关系
根	绘制萝卜肉质根结构图	
茎叶		
花果实种子		

指导教师签字：

拓展学习作业单

第　　组　　　　　　姓　名：　　　　　　　　时　间：

任务名称	露地萝卜春夏季栽培技术方案
目的要求	根据掌握的萝卜栽培相关知识技能，查阅资料，制定露地萝卜春夏季栽培生产计划。

1. 制定露地萝卜春夏季栽培作业历

2. 露地萝卜春夏季栽培应准备哪些材料用具？大致生产投入是多少

3. 制定露地萝卜春夏季栽培的生产方案

指导教师签字：

项目 2-4 露地胡萝卜秋季栽培

<h1 style="text-align:center">信息采集单</h1>

第　　组　　　　　　　姓　　名：　　　　　　　　时　　间：

任务名称	露地胡萝卜秋季栽培信息采集
目的要求	通过线上线下自主学习，收集信息，了解胡萝卜的生长发育特点及常见品种类型。

1. 胡萝卜的生育周期是怎样划分的

2. 胡萝卜对环境条件有什么要求

3. 胡萝卜分为哪几种类型，各有何特点

指导教师签字：

工作计划单

第　　组　　　　　　姓　　名：　　　　　　　　　时　　间：

任务名称	制定露地胡萝卜秋季生产计划
目的要求	根据当地的气候条件，确定露地胡萝卜秋季栽培的播种期和收获期，制定生产作业计划。根据当地气候条件和消费习惯，选择丰产抗病的优良品种。列出所需生产资料清单并进行预算。制定生产技术路线。

1. 露地胡萝卜秋季栽培作业历

栽培茬次	播种期	出苗期	定苗期	收获期

2. 品种选择

3. 材料用具及预算

4. 露地胡萝卜秋季栽培的技术路线

指导教师签字：

生产实训技能单

第　　组　　　　　　　姓　　名：　　　　　　　　　　时　　间：

任务名称	胡萝卜莲座期、肉质根膨大期管理
目的要求	通过实际操作掌握胡萝卜莲座期、肉质根膨大期的中耕除草、水肥管理和收获等基本技能。
材料用具	常用农具、肥料、灌溉设备等。

1. 莲座期管理

2. 肉质根膨大期管理

3. 收获

考核标准	考核项目	分值	得分
	能正确完成胡萝卜莲座期中耕管理工作	30分	
	能正确完成肉质根膨大期水肥管理工作	30分	
	能确定胡萝卜的适宜收获期	10分	
	正确完成胡萝卜收获等工作任务	30分	
	备注：可根据生产周期连续考核	100分	

指导教师签字：

田间调查作业单

第　组　　　　姓　名：　　　　　　时　间：

任务名称	胡萝卜形态特征调查	
目的要求	调查胡萝卜植株的形态特征，掌握其特征特性与栽培的关系。提供胡萝卜各器官的图片。	
材料用具	胡萝卜旺盛生长期植株。	
调查内容	特征特性	与栽培的关系
根	绘制胡萝卜肉质根结构图	
茎叶		
花果实种子		

指导教师签字：

模块 3　露地春夏季蔬菜栽培

信息采集单

第　　组　　　　　姓　　名：　　　　　　　　　时　　间：

任务名称	露地大葱栽培信息采集
目的要求	通过线上线下自主学习，收集信息，了解大葱的生长发育特点及常见品种类型。

1. 大葱的生育周期是怎样划分的

2. 大葱对环境条件有什么要求

3. 大葱分为哪几种类型，各有何特点

指导教师签字：

工作计划单

第　　组　　　　　　　　姓　　名：　　　　　　　　　时　　间：

任务名称	制定露地大葱生产计划
目的要求	根据当地的气候条件，确定大葱的播种期、定植期和收获期，制定生产作业历。考虑大葱的生长特点，选择适合销售地消费习惯的优良品种。列出所需生产资料清单并进行预算。制定生产技术路线。

1. 露地大葱栽培作业历

栽培茬次	播种期	定植期	收获期

2. 品种选择

3. 材料用具及预算

4. 露地大葱生产的技术路线

指导教师签字：

生产实训技能单 1

第　　组　　　　　　　姓　　名：　　　　　　　　时　　间：

任务名称	大葱定植
目的要求	通过实际操作学会起苗、整地施肥开沟、葱苗定植等基本技能。
材料用具	锹、镐、耙等常用农具，葱苗，剪刀，灌溉设备等。

1. 起苗

2. 整地施肥开沟

3. 葱苗定植

考核标准	考核项目	分值	得分
	正确确定大葱的定植期	10分	
	按要求完成起苗、分级和修剪须根等工作任务	30分	
	按要求施基肥、耕翻耙平、开定植沟	20分	
	熟练掌握排葱、插葱两种定植方法	40分	
	备注：可根据生产周期连续考核	100分	

指导教师签字：

生产实训技能单 2

| 第　　组 | | 姓　　名： | 时　　间： |

任务名称	大葱田间管理和收获
目的要求	通过实际操作掌握大葱追肥灌水、培土和收获等基本技能。
材料用具	有机肥、化肥；农具、灌溉设备等。

1. 越夏缓苗期管理

2. 假茎（葱白）形成盛期管理

3. 收获贮藏

考核标准	考核项目	分值	得分
	按要求完成越夏期浇水、施肥等工作任务	20分	
	按要求完成假茎形成期追肥灌水等工作任务	20分	
	按要求完成多次培土任务	30分	
	掌握正确的采收方法，产品损耗率较低	30分	
	备注：可根据生产周期连续考核	100分	

指导教师签字：

田间调查作业单

第   组   姓   名：   时   间：

任务名称	大葱形态特征调查	
目的要求	调查大葱植株的形态特征，掌握其特征特性与栽培的关系。提供大葱器官的手机图片。	
材料用具	大葱旺盛生长期植株。	
调查内容	特征特性	与栽培的关系
根		
茎叶		
花		
果实 种子		

指导教师签字：

信息采集单

第　　组		姓　　名：		时　　间：

任务名称	露地菜豆栽培信息采集
目的要求	通过线上线下自主学习，收集信息，了解菜豆的生长发育特点及其常见品种类型。

1. 菜豆的生育周期是怎样划分的？

2. 菜豆对环境条件有什么要求？

3. 菜豆分为哪几种类型，各有何特点？

指导教师签字：

工作计划单

第　　组　　　　　　　　姓　　名:　　　　　　　　　　时　　间:

任务名称	制定露地菜豆生产计划
目的要求	根据当地的气候条件，确定露地菜豆春季栽培的播种期、定苗期和收获期，制定生产作业历。根据当地气候条件和消费习惯，选择丰产优质的优良品种。列出所需生产资料清单并进行预算。制定生产技术路线。

1. 露地菜豆春季栽培作业历

栽培茬次	播种期	定植期	收获期

2. 品种选择

3. 材料用具及预算

4. 露地春茬菜豆生产的技术路线

指导教师签字：

生产实训技能单 1

第　　　组　　　　　　　　姓　　　名：　　　　　　　　　时　　　间：

任务名称	菜豆整地播种
目的要求	通过实际操作学会整地施肥做畦（起垄）、种子处理、播种、间苗等基本技能。
材料用具	锹、镐、耙等常用农具，菜豆种子，肥料，灌溉设备等。

1. 整地施肥做畦（起垄）

2. 种子播前处理

3. 播种、间苗

考核标准	考核项目	分值	得分
	按要求完成整地施肥起垄等工作任务	20分	
	正确确定播种期，并完成选种、晒种等工作任务	20分	
	按要求完成播种任务，出苗率达90%	40分	
	按要求完成间苗、定苗等工作任务	20分	
	备注：可根据生产周期连续考核	100分	

指导教师签字：

生产实训技能单 2

第　　　组　　　　　　姓　　名：　　　　　　　　时　　间：

任务名称	菜豆搭架
目的要求	通过实际操作掌握搭建四脚架、单花篱架和双花篱架的基本技能。
材料用具	竹竿架材、麻绳（丝裂膜）等。

1. 绘图说明四脚架的搭建方法

2. 绘图说明单花篱架的搭建方法

3. 绘图说明双花篱架的搭建方法

考核标准	考核项目	分值	得分
	能确定正确的搭架时间	10分	
	按要求完成四脚架的搭建	30分	
	按要求完成单花篱架的搭建	30分	
	按要求完成双花篱架的搭建	30分	
	备注：可根据生产周期连续考核	100分	

指导教师签字：

田间调查作业单 1

第　　组　　　　　　　　姓　　名：　　　　　　　　　　　时　　间：

任务名称	菜豆形态特征调查	
目的要求	调查菜豆植株的形态特征，掌握其特征特性与栽培的关系。提供菜豆各器官的图片。	
材料用具	菜豆开花结荚期植株。	
调查内容	特征特性	与栽培的关系
根		
茎叶		
花		
果实种子		

指导教师签字：

田间调查作业单 2

第　　组　　　　　姓　　名：　　　　　　　　时　　间：

任务名称	菜豆生长发育周期调查		
目的要求	跟踪调查并记录菜豆生长发育周期，了解不同时期的生育特性，掌握不同时期的栽培技术要点。提供菜豆不同生育期的图片。		
材料用具	不同生育时期的菜豆植株。		
生育时期	起止日期（天数）	生育特性	栽培要点
发芽期			
幼苗期			
抽蔓期			
结荚期			
产量估算			

指导教师签字：

信息采集单

第　　组	姓　名：	时　间：

任务名称	露地辣椒栽培信息采集
目的要求	通过线上线下自主学习，收集信息，了解辣椒的生长发育特点及其常见品种类型。

1. 辣椒的生育周期是怎样划分的

2. 辣椒对环境条件有什么要求

3. 辣椒分为哪几种类型，各有何特点

指导教师签字：

工作计划单

第　　组　　　　　　　姓　名:　　　　　　　　时　　间:

任务名称	制定露地辣椒生产计划
目的要求	根据当地的气候条件,确定露地辣椒栽培的播种期、定植期和收获期,制定生产作业历程。并根据当地气候条件和消费习惯,选择丰产优质的优良品种。列出所需生产资料清单并进行预算。制定生产技术路线。

1. 露地辣椒栽培作业历

栽培茬次	播种期	定植期	收获期

2. 品种选择

3. 材料用具及预算

4. 露地春夏茬辣椒生产的技术路线

指导教师签字:

生产实训技能单 1

第　　　组　　　　　　　姓　　名：　　　　　　　　时　　　间：

任务名称	辣椒常规育苗
目的要求	通过实际操作学会制作苗床、播种和苗期管理等基本技能。
材料用具	锹、镐、耙等常用农具，草炭、有机肥料，辣椒种子，催芽设备，喷壶等。

1. 苗床准备

2. 播种

3. 苗期管理

	考核项目	分值	得分
考核标准	按要求配制营养土、制作播种和分苗苗床等工作任务	20分	
	按要求完成播种任务，出苗率达80%	20分	
	按要求完成分苗任务，分苗成活率达90%	30分	
	按要求完成苗期管理任务，成苗率达90%	30分	
	备注：可根据生产周期连续考核	100分	

指导教师签字：

生产实训技能单 2

第　　组　　　　　　姓　　名：　　　　　　时　　间：

任务名称	辣椒定植及田间管理
目的要求	通过实际操作掌握辣椒整地定植及田间水肥管理、植株调整收获等基本技能。
材料用具	辣椒苗，竹竿架材、麻绳（丝裂膜），化肥，农具，灌溉设备等。

1. 幼苗定植

2. 缓苗期及初花期管理

3. 结果期管理

考核标准	考核项目	分值	得分
	按要求完成辣椒定植工作任务，成活率达90%	30分	
	按要求完成辣椒不同生长期追肥灌水工作任务	30分	
	按要求完成辣椒中耕和植株调整等工作任务	30分	
	按标准及时采收辣椒	10分	
	备注：可根据生产周期连续考核	100分	

指导教师签字：

田间调查作业单 1

第　　　组　　　　　　　　　　姓　　　名：　　　　　　　　　　时　　　间：

任务名称	辣椒生长发育周期调查		
目的要求	跟踪调查并记录辣椒生长发育周期，了解不同时期的生育特性，掌握不同时期的栽培技术要点。提供辣椒不同生育期的图片。		
材料用具	不同生育时期的辣椒植株。		
生育时期	起止日期（天数）	生育特性	栽培要点
发芽期			
幼苗期			
初花期			
结荚期			
产量估算			

指导教师签字：

田间调查作业单 2

| 第　组 | 姓　名： | | 时　间： | |

任务名称	辣椒形态特征调查		
目的要求	调查辣椒植株的形态特征，掌握其特征特性与栽培的关系。提供辣椒各器官的图片。		
材料用具	辣椒结果期植株。		
调查内容	特征特性		与栽培的关系
根			
茎			
叶			
花			
果实种子			

指导教师签字：

信息采集单

| 第　　　组 | | 姓　　名：　　　　　　　时　间： | |

任务名称	露地南瓜栽培信息采集
目的要求	通过线上线下自主学习，收集信息，了解南瓜的生物学特性及常见品种类型。

1. 南瓜的生长发育周期是怎样划分的

2. 南瓜对环境条件有什么要求

3. 南瓜有哪几种类型？各有何特点

指导教师签字：

工作计划单

第　　组　　　　　　　　　姓　　名：　　　　　　　　时　　间：

任务名称	制定露地南瓜生产计划
目的要求	根据当地的气候条件，确定露地南瓜栽培的播种期、定植期和收获期，制定生产作业历程。考虑销售地的消费习惯，选择品质好、产量高的南瓜品种。列出所需生产资料清单并进行预算。制定生产技术路线。

1. 露地南瓜栽培作业历

栽培茬次	播种期	定植（苗）期	收获期

2. 品种选择

3. 材料用具及预算

4. 露地南瓜生产技术路线

指导教师签字：

生产实训技能单

第　　组	姓　　名：	时　　间：

任务名称	南瓜整枝压蔓
目的要求	通过实际操作学会南瓜爬地栽培整枝、压蔓等基本技能。
材料用具	伸蔓期的南瓜植株。

1. 南瓜爬地栽培三蔓整枝（绘图说明）

2. 压蔓（明压和暗压）

3. 结果期植株整理

考核标准	考核项目	分值	得分
	按要求完成双（三）蔓整枝工作任务	30分	
	按要求完成压蔓工作任务	40分	
	按要求完成结果期植株整理工作	20分	
	在植株调整过程中对植株无损伤	10分	
	备注：可根据生产周期连续考核	100分	

指导教师签字：

田间调查作业单 1

第　　组　　　　　　　姓　　名：　　　　　　　　　　时　　间：

任务名称	南瓜生长发育周期调查		
目的要求	跟踪调查并记录南瓜生长发育周期，了解不同时期的生育特性，掌握不同时期的栽培技术要点。提供南瓜不同生育期的图片。		
材料用具	不同生育时期的南瓜植株。		
生育时期	起止日期（天数）	生育特性	栽培要点
发芽期			
幼苗期			
伸蔓期			
开花结果期			
产量估算			

指导教师签字：

田间调查作业单 2

第　　组　　　　　　　　姓　　名：　　　　　　　　　时　　间：

任务名称	南瓜的形态特征调查	
目的要求	调查了解南瓜植株的形态特征，掌握其特征特性与栽培的关系。提供南瓜各器官的图片。	
材料用具	南瓜结果期植株。	
调查内容	特征特性	与栽培的关系
根		
茎叶		
花		
果实		
种子		

指导教师签字：

信息采集单

第　　组　　　　　　　　姓　　名：　　　　　　　　　　时　　间：

任务名称	露地山药栽培信息采集
目的要求	通过线上线下自主学习，收集信息，了解山药的生物学特性及常见品种类型。

1. 山药的生长发育周期是怎样划分的

2. 山药对环境条件有什么要求

3. 山药有哪几种类型？各有何特点

指导教师签字：

工作计划单

第　　组　　　　　　姓　　名：　　　　　　　　时　　间：

任务名称	制定露地山药生产计划
目的要求	根据当地的气候条件，确定山药栽培的播种期和收获期，制定生产作业历。列出所需生产资料清单并进行预算。制定生产技术路线。

1. 露地山药栽培作业历

栽培茬次	播种期	搭架期	收获期

2. 品种选择

3. 材料用具及预算

4. 露地山药生产的技术路线

指导教师签字：

项目 3-5　露地山药栽培

生产实训技能单

第　　组　　　　　　姓　　名：　　　　　　　　时　　间：

任务名称	山药田间管理
目的要求	通过实际操作学会山药搭架、整枝、中耕培土、收获等基本技能。
材料用具	山药植株，架材，常用农具等。

1. 搭架整枝

2. 中耕培土

3. 收获

考核标准	考核项目	分值	得分
	按要求完成中耕培土工作任务	30分	
	按要求完成搭架整枝工作任务	50分	
	根据采收标准，正确完成收获工作任务	10分	
	在植株调整过程中对植株无损伤	10分	
	备注：可根据生产周期连续考核	100分	

指导教师签字：

田间调查作业单 1

第　　组　　　　　　　　姓　　　名：　　　　　　　　　时　　间：

任务名称	山药生长发育周期调查		
目的要求	跟踪调查并记录山药生长发育周期，了解不同时期的生育特性，掌握不同时期的栽培技术要点。提供山药不同生育期的图片。		
材料用具	不同生育时期的山药植株。		
生育时期	起止日期（天数）	生育特性	栽培要点
发芽期			
甩条发棵期			
开花期			
块茎膨大期			
产量估算			

指导教师签字：

田间调查作业单 2

第　　组　　　　　　　　姓　　名：　　　　　　　　　时　　　间：

任务名称	山药的形态特征调查	
目的要求	调查了解山药植株的形态特征，掌握其特征特性与栽培的关系。提供山药各器官的图片。	
材料用具	块茎膨大期的山药植株。	
调查内容	特征特性	与栽培的关系
根		
茎叶		
花		
零余子		
块茎		

指导教师签字：

信息采集单

第　　组　　　　　　　　　　姓　名：　　　　　　　　　　　时　间：

任务名称	露地大蒜栽培信息采集
目的要求	通过线上线下自主学习，收集信息，了解大蒜的生长发育特点及其常见品种类型。

1. 大蒜的生育周期是怎样划分的

2. 大蒜对环境条件有什么要求

3. 大蒜分为哪几种类型，各有何特点

指导教师签字：

工作计划单

第　　　组　　　　　　姓　　名：　　　　　　　　　时　　间：

任务名称	露地春播大蒜生产计划
目的要求	根据当地的气候条件，确定露地春播大蒜的播种期和收获期，制定生产作业历。并根据当地气候条件和消费习惯，选择丰产优质的优良品种。列出所需生产资料清单并进行预算。制定生产技术路线。

1. 露地春播大蒜栽培作业历

栽培茬次	播种期	提薹期	收获期

2. 品种选择

3. 材料用具及预算

4. 露地播大蒜生产的技术路线

指导教师签字：

生产实训技能单

第　　组　　　　　　　姓　　名：　　　　　　　　时　　间：

任务名称	大蒜播种、田间管理及收获
目的要求	通过实际操作学会大蒜种瓣处理、播种、追肥灌水、提薹、收获等基本技能。
材料用具	锹、镐、耙等常用农具，种蒜，肥料，提薹工具等。

1. 种瓣处理

2. 播种

3. 田间管理

4. 提薹与蒜头收获

考核标准	考核项目	分值	得分
	能正确挑选种瓣并分级，完成去踵、晒种等任务	20分	
	按要求完成播种任务，出苗率达90%	30分	
	按要求完成大蒜中耕除草、追肥灌水等管理任务	30分	
	按要求完成提薹和蒜头收获等任务	20分	
	备注：可根据生产周期连续考核	100分	

指导教师签字：

田间调查作业单 1

第　　组　　　　　　姓　　名：　　　　　　　　　时　　　间：

任务名称	大蒜生长发育周期调查		
目的要求	跟踪调查并记录大蒜生长发育周期，了解不同时期的生育特性，掌握不同时期的栽培技术要点。提供大蒜不同生育期的图片。		
材料用具	不同生育时期的大蒜植株。		
生育时期	起止日期（天数）	生育特性	栽培要点
萌芽期			
幼苗期			
花芽及鳞芽分化期			
蒜薹伸长期			
鳞芽膨大期			
休眠期			
产量估算			

指导教师签字：

田间调查作业单 2

第　　组		姓　　名：　　　　　　　　时　　间：	

任务名称	大蒜形态特征调查	
目的要求	调查大蒜植株的形态特征，掌握其特征特性与栽培的关系。提供大蒜各器官的图片。	
材料用具	大蒜收获期植株。	
调查内容	特征特性	与栽培的关系
根		
茎		
叶		
花		
果实种子		

指导教师签字：

模块 4　设施秋冬季蔬菜栽培

项目 4-1 塑料大棚番茄秋延后栽培

信息采集单

第　　组　　　　　　　姓　　名：　　　　　　　　　时　　间：

任务名称	塑料大棚番茄秋延后栽培信息采集
目的要求	通过线上线下自主学习，收集信息，了解番茄的生物学特性及其常见品种类型。

1. 番茄的生长发育周期是怎样划分的

2. 番茄对环境条件有什么要求

3. 番茄根据分枝结果习性可分为哪几种类型？各有何特点

指导教师签字：

工作计划单

第　　组　　　　　　　姓　　名：　　　　　　　　　时　　间：

任务名称	制定塑料大棚番茄秋延后生产计划
目的要求	根据当地的气候条件、设施性能，确定番茄栽培的播种期、定植期和收获期，制定生产作业历。考虑销售地的消费习惯，选择适宜的番茄品种。列出所需生产资料清单并进行预算。制定生产技术路线。

1. 塑料大棚番茄秋延后栽培作业历

栽培茬次	播种期	定植期	收获期

2. 品种选择

3. 材料用具及预算

4. 塑料大棚番茄秋延后生产的技术路线

指导教师签字：

生产实训技能单

第   组　　　　　姓　　名：　　　　　　　时　　间：

任务名称	塑料大棚秋延后番茄植株调整
目的要求	通过实际操作学会番茄吊蔓整枝、保花保果、疏花疏果等基本技能。
材料用具	番茄植株，吊蔓绳、吊秧夹等。

1. 吊蔓整枝

2. 保花保果

3. 疏花疏果

考核标准	考核项目	分值	得分
	按要求完成吊蔓整枝工作任务	40分	
	按要求完成保花保果工作任务	30分	
	按要求完成疏花疏果等工作任务	20分	
	在植株调整过程中对植株无损伤	10分	
	备注：可根据生产周期连续考核	100分	

指导教师签字：

項目 4-1　塑料大棚番茄秋延后栽培

田间调查作业单 1

第　　组　　　　　　姓　　名：　　　　　　　　时　　间：

任务名称	番茄生长发育周期调查		
目的要求	跟踪调查并记录番茄生长发育周期，了解不同时期的生育特性，掌握不同时期的栽培技术要点。提供番茄不同生育期的图片。		
材料用具	不同生育时期的番茄植株。		
生育时期	起止日期（天数）	生育特性	栽培要点
发芽期			
幼苗期			
开花着果期			
结果期			
产量估算			

指导教师签字：

项目 4-1　塑料大棚番茄秋延后栽培

田间调查作业单 2

第　　组　　　　　姓　　名：　　　　　　　　时　　间：

任务名称	番茄的形态特征调查	
目的要求	调查了解番茄植株的形态特征，掌握其特征特性与栽培的关系。提供番茄各器官的图片。	
材料用具	番茄结果期植株。	
调查内容	特征特性	与栽培的关系
根		
茎叶		
花		
果实		
种子		

指导教师签字：

拓展学习作业单

第　　组　　　　　　　姓　名：　　　　　　　　　　时　间：

任务名称	小型番茄设施栽培技术方案
目的要求	根据所学番茄栽培的知识和技能，查阅相关资料，制定小型番茄设施栽培技术方案。

1. 小型番茄设施栽培现状如何

2. 制定当地小型番茄设施栽培作业历

3. 小型番茄设施栽培应准备哪些材料用具？大致生产投入是多少

4. 用简图绘制小型番茄设施栽培的技术路线

指导教师签字：

项目 *4-2* 塑料大棚花椰菜秋延后栽培

信息采集单

第　　组　　　　　　　姓　　名：　　　　　　　　　时　　间：

任务名称	塑料大棚花椰菜秋延后栽培信息采集
目的要求	通过线上线下自主学习，收集信息，了解花椰菜的生物学特性及常见品种类型。

1. 花椰菜的生长发育周期是怎样划分的

2. 花椰菜对环境条件有什么要求

3. 花椰菜可分为哪几种类型？各有何特点

指导教师签字：

项目 4-2　塑料大棚花椰菜秋延后栽培

工作计划单

第　　组	姓　　名：	时　　间：

任务名称	制定塑料大棚花椰菜秋延后生产计划
目的要求	根据当地的气候条件、设施性能，确定大棚花椰菜秋延后栽培的播种期、定植期和收获期，制定生产作业历。考虑销售地的消费习惯，选择耐低温、弱光的花椰菜品种。列出所需生产资料清单并进行预算。制定生产技术路线。

1. 塑料大棚花椰菜秋延后栽培作业历

栽培茬次	播种期	定植期	收获期

2. 品种选择

3. 材料用具及预算

4. 塑料大棚花椰菜秋延后生产的技术路线

指导教师签字：

项目 4-2 塑料大棚花椰菜秋延后栽培

生产实训技能单

第　　组　　　　　　　姓　名：　　　　　　　时　间：

任务名称	塑料大棚秋延后花椰菜花球采收
目的要求	通过实际操作学会防止花球老化，花球采收等基本技能。
材料用具	花椰菜植株，采收工具等。

1. 防止花球老化操作

2. 花球采收时期确定

3. 采收方法

考核标准	考核项目	分值	得分
	按要求完成防止花球老化工作任务	30分	
	能正确判断花椰菜的适宜采收期	20分	
	根据采收标准，正确完成采收工作任务	40分	
	防止花球老化和采收过程中对产品器官无损伤	10分	
	备注：可根据生产周期连续考核	100分	

指导教师签字：

田间调查作业单 1

第　　组　　　　　　　姓　　名：　　　　　　　　时　　间：

任务名称	花椰菜生长发育周期调查		
目的要求	跟踪调查并记录花椰菜生长发育周期，了解不同时期的生育特性，掌握不同时期的栽培技术要点。提供花椰菜不同生育期的图片。		
材料用具	不同生育时期的花椰菜植株。		
生育时期	起止日期（天数）	生育特性	栽培要点
发芽期			
幼苗期			
莲座期			
花球生长期			
产量估算			

指导教师签字：

田间调查作业单 2

| 第　　组 | 姓　　名： | | 时　　间： |

任务名称	花椰菜的形态特征调查	
目的要求	调查了解花椰菜植株的形态特征，掌握其特征特性与栽培的关系。提供花椰菜各器官的图片。	
材料用具	花椰菜植株。	
调查内容	特征特性	与栽培的关系
根		
茎叶		
花		
果实		
种子		

指导教师签字：

信息采集单

第 组　　　　　　　　姓　名：　　　　　　　　时　间：

任务名称	日光温室芹菜秋冬茬栽培信息采集
目的要求	通过线上线下自主学习，收集信息，了解芹菜的生物学特性及常见品种类型。

1. 芹菜的生长发育周期是怎样划分的

2. 芹菜对环境条件有什么要求

3. 芹菜可分为哪几种类型？各有何特点

指导教师签字：

工作计划单

第　　组　　　　　姓　　名：　　　　　　　时　　间：

任务名称	制定日光温室芹菜秋冬茬生产计划
目的要求	根据当地的气候条件、设施性能，确定芹菜栽培的播种期、定植期和收获期，制定生产作业历。考虑销售地的消费习惯，选择适宜的芹菜品种。列出所需生产资料清单并进行预算。制定生产技术路线。

1. 日光温室芹菜秋冬茬栽培作业历

栽培茬次	播种期	定植期	生长盛期	收获期

2. 品种选择

3. 材料用具及预算

4. 日光温室芹菜秋冬茬生产的技术路线

指导教师签字：

生产实训技能单

第　　　组　　　　　　　姓　　名：　　　　　　　　　时　　　间：		
任务名称	日光温室秋冬茬芹菜育苗、定植和采收	
目的要求	通过实际操作学会芹菜育苗、定植、采收等基本技能。	
材料用具	芹菜种子，植株，常用农具等。	

1. 育苗

2. 定植

3. 采收

考核标准	考核项目	分值	得分
	按要求完成育苗工作任务	30分	
	按要求完成定植工作任务	50分	
	根据采收标准，正确完成采收工作任务	10分	
	在定植和采收过程中对植株无损伤	10分	
	备注：可根据生产周期连续考核	100分	

指导教师签字：

项目 4-3　日光温室芹菜秋冬茬栽培

田间调查作业单 1

第　　　组　　　　　　姓　　　名：　　　　　　　　时　　间：

任务名称	芹菜生长发育周期调查		
目的要求	跟踪调查并记录芹菜生长发育周期，了解不同时期的生育特性，掌握不同时期的栽培技术要点。提供芹菜不同生育期的图片。		
材料用具	不同生育时期的芹菜植株。		
生育时期	起止日期（天数）	生育特性	栽培要点
发芽期			
幼苗期			
叶丛生长期			
心叶肥大期			
抽薹开花期			
产量估算			

指导教师签字：

田间调查作业单 2

第　　　组　　　　　　　　姓　　名：　　　　　　　　　时　　间：

任务名称	芹菜的形态特征调查	
目的要求	调查了解芹菜植株的形态特征，掌握其特征特性与栽培的关系。提供芹菜各器官的图片。	
材料用具	芹菜植株。	
调查内容	特征特性	与栽培的关系
根		
茎		
叶		
花		
果实、种子		

指导教师签字：

项目 4-4 日光温室韭菜秋冬茬栽培

信息采集单

第　　组　　　　　　姓　　名：　　　　　　　　时　　间：

任务名称	日光温室韭菜秋冬茬栽培信息采集
目的要求	通过线上线下自主学习，收集信息，了解韭菜的生长发育特点及常见品种类型。

1. 韭菜的生长发育周期是怎样划分的

2. 韭菜对环境条件有什么要求

3. 韭菜可分为哪几种类型？各有何特点

指导教师签字：

工作计划单

第 组	姓 名：	时 间：

任务名称	制定日光温室韭菜秋冬茬生产计划
目的要求	根据当地的气候条件、设施性能，确定日光温室韭菜秋冬茬栽培的播种期、定植期和收获期，制定生产作业历，并考虑销售地的消费习惯，选择韭菜品种。列出所需生产资料清单并进行预算。制定生产技术路线。

1. 日光温室韭菜秋冬季栽培作业历

栽培茬次	播种期	定植期	扣膜期	收获期

2. 品种选择

3. 材料用具及预算

4. 日光温室韭菜秋冬茬生产的技术路线

指导教师签字：

生产实训技能单

第　　　组　　　　　　姓　　　名：　　　　　　　　时　　　间：

任务名称	日光温室韭菜越夏期管理
目的要求	通过实际操作学会韭菜越夏期的管理。
材料用具	韭菜植株，常用农具，铁丝、竹竿、撕裂膜等。

1. 除草

2. 摘除花薹

3. 防病治虫

4. 防倒伏

考核标准	考核项目	分值	得分
	按要求完成清除杂草工作任务	30分	
	按要求完成摘除花薹工作任务	20分	
	按要求及时有效地防病治虫	20分	
	按要求搭架，防倒伏效果好	30分	
	备注：可根据生产周期连续考核	100分	

指导教师签字：

田间调查作业单 1

第　　　组　　　　　　　　　姓　　名：　　　　　　　　　时　　间：

任务名称	韭菜生长发育周期调查		
目的要求	跟踪调查并记录韭菜生长发育周期，了解不同时期的生育特性，掌握不同时期的栽培技术要点。提供韭菜不同生育期的手机图片。		
材料用具	不同生育时期的韭菜植株。		
生育时期	起止日期（天数）	生育特性	栽培要点
发芽期			
幼苗期			
分蘖生长期			
休眠期			
生殖生长期			
产量估算			

指导教师签字：

项目 4-4 日光温室韭菜秋冬茬栽培

田间调查作业单 2

第　　组　　　　　　　姓　名：　　　　　　　　　　时　间：

任务名称	韭菜的形态特征调查	
目的要求	调查了解韭菜植株的形态特征，掌握其特征特性与栽培的关系。提供韭菜各器官的图片。	
材料用具	韭菜植株。	
调查内容	特征特性	与栽培的关系
根		
茎		
叶		
花		
果实		
种子		

指导教师签字：

项目 4-4 日光温室韭菜秋冬茬栽培

拓展学习作业单

| 第 组 | 姓 名： | 时 间： |

任务名称	韭菜软化栽培技术方案
目的要求	根据所学韭菜栽培的知识和技能，查阅相关资料，制定韭菜软化栽培技术方案。

1. 制定当地韭菜软化栽培作业历

2. 韭菜软化栽培应准备哪些材料用具？大致生产投入多少

3. 用简图绘制韭菜软化栽培的技术路线

指导教师签字：

信息采集单

| 第　　组 | | 姓　名： | 时　间： |

任务名称	日光温室厚皮甜瓜秋冬茬栽培信息采集
目的要求	通过线上线下自主学习，收集信息，了解厚皮甜瓜的生物学特性及常见品种类型。

1. 厚皮甜瓜的生长发育周期是怎样划分的

2. 厚皮甜瓜对环境条件有什么要求

3. 厚皮甜瓜可分为哪几种类型？各有何特点

指导教师签字：

工作计划单

| 第　　组 | | 姓　　名： | | 时　　间： |

任务名称	制定日光温室厚皮甜瓜秋冬茬生产计划
目的要求	根据当地的气候条件、设施性能，确定厚皮甜瓜栽培的播种期、定植期和收获期，制定生产作业历。考虑销售地人们的消费习惯，选择适宜的厚皮甜瓜品种。列出所需生产资料清单并进行预算。制定生产技术路线。

1. 日光温室厚皮甜瓜秋冬茬栽培作业历

栽培茬次	播种期	嫁接期	定植期	收获期

2. 品种选择

3. 材料用具及预算

4. 日光温室厚皮甜瓜秋冬茬生产的技术路线

指导教师签字：

项目 4-5 日光温室厚皮甜瓜秋冬茬栽培

生产实训技能单 1

第　组　　　　　　姓　名：　　　　　　　时　间：

任务名称	瓜类蔬菜嫁接育苗
目的要求	通过实际操作学会劈接、插接、贴接等基本嫁接方法。
材料用具	嫁接适期砧木苗、接穗苗，嫁接刀片，嫁接夹等。

1. 劈接

2. 插接

3. 贴接

考核标准	考核项目	分值	得分
	掌握劈接的基本步骤，按要求完成一定数量的嫁接任务	20分	
	掌握插接的基本步骤，按要求完成一定数量的嫁接任务	20分	
	掌握贴接的基本步骤，按要求完成一定数量的嫁接任务	20分	
	嫁接1周后，嫁接苗成活率达70%	40分	
	备注：可根据生产周期连续考核	100分	

指导教师签字：

生产实训技能单 2

第　　　组　　　　　　姓　　名：　　　　　　　　　时　　　间：

任务名称	日光温室秋冬茬厚皮甜瓜植株调整和采收
目的要求	通过实际操作学会厚皮甜瓜吊蔓整枝、果实管理、采收等基本技能。
材料用具	厚皮甜瓜植株，吊蔓绳，吊秧夹等。

1. 厚皮甜瓜整枝方式（绘图说明）
　（1）单蔓整枝　　　　　　　　　　　（2）双蔓整枝

2. 保花保果

3. 留瓜吊瓜

4. 采收

考核标准	考核项目	分值	得分
	按要求完成整枝吊蔓工作任务	30分	
	按要求完成保花保果工作任务	30分	
	按要求完成留瓜吊瓜工作任务	30分	
	根据采收标准，正确完成采收工作任务	10分	
	备注：可根据生产周期连续考核	100分	

指导教师签字：

田间调查作业单 1

第　　组　　　　　　　姓　名：　　　　　　　　　　时　　间：

任务名称	厚皮甜瓜生长发育周期调查		
目的要求	跟踪调查并记录厚皮甜瓜生长发育周期，了解不同时期的生育特性，掌握不同时期的栽培技术要点。提供厚皮甜瓜不同生育期的图片。		
材料用具	不同生育时期的厚皮甜瓜植株。		
生育时期	起止日期（天数）	生育特性	栽培要点
发芽期			
幼苗期			
伸蔓期			
结果期			
产量估算			

指导教师签字：

田间调查作业单 2

第　　组　　　　　　　　　姓　　名：　　　　　　　　时　　间：

任务名称	厚皮甜瓜的形态特征调查	
目的要求	调查了解厚皮甜瓜植株的形态特征，掌握其特征特性与栽培的关系。提供厚皮甜瓜各器官的图片。	
材料用具	厚皮甜瓜结果期植株。	
调查内容	特征特性	与栽培的关系
根		
茎叶		
花		
果实		
种子		

指导教师签字：

项目 4-6　日光温室西葫芦越冬茬栽培

信息采集单

第　　组　　　　　　姓　名：　　　　　　　　　时　间：

任务名称	日光温室西葫芦越冬茬栽培信息采集
目的要求	通过线上线下自主学习，收集信息，了解西葫芦的生物学特性及常见品种类型。

1. 西葫芦的生长发育周期是怎样划分的

2. 西葫芦对环境条件有什么要求

3. 西葫芦可分为哪几种类型？各有何特点

指导教师签字：

工作计划单

第　　组　　　　　　　姓　名：　　　　　　　　时　间：

任务名称	制定日光温室西葫芦越冬茬生产计划
目的要求	根据当地的气候条件、设施性能，确定日光温室西葫芦越冬茬栽培的播种期、定植期和收获期，制定生产作业历。考虑销售地人们的消费习惯，选择适宜的西葫芦品种。列出所需生产资料清单并进行预算。制定生产技术路线。

1. 日光温室西葫芦越冬茬栽培作业历

栽培茬次	播种期	定植期	收获期

2. 品种选择

3. 材料用具及预算

4. 日光温室西葫芦越冬茬生产的技术路线

指导教师签字：

生产实训技能单

第　　　　组　　　　　　姓　　　名：　　　　　　　　　　时　　　间：

任务名称	日光温室越冬茬西葫芦栽培植株调整及采收
目的要求	通过实际操作学会西葫芦吊蔓整枝、保花保果及采收等基本技能。
材料用具	西葫芦植株，吊蔓绳，吊秧夹，生长调节剂等。

1. 西葫芦吊蔓整枝

2. 西葫芦保花保果
（1）人工授粉

（2）植物生长调节剂处理

3. 采收

考核标准	考核项目	分值	得分
	按要求完成吊蔓整枝工作任务	30分	
	按要求完成人工授粉工作任务	30分	
	按要求完成植物生长调节剂处理工作任务	30分	
	根据采收标准，正确完成采收工作任务	10分	
	备注：可根据生产周期连续考核	100分	

指导教师签字：

项目 4-6 日光温室西葫芦越冬茬栽培

田间调查作业单

第　　组　　　　　　姓　　名：　　　　　　　　时　　间：

任务名称	西葫芦形态特征调查	
目的要求	调查了解西葫芦植株的形态特征，掌握其特征特性与栽培的关系。提供西葫芦各器官的图片。	
材料用具	西葫芦结果期植株。	
调查内容	特征特性	与栽培的关系
根		
茎叶		
花		
果实		
种子		

指导教师签字：

信息采集单

第　　组	姓　名：		时　间：

任务名称	日光温室黄瓜越冬茬栽培信息采集
目的要求	通过线上线下自主学习，收集信息，了解黄瓜的生物学特性及常见品种类型。

1. 黄瓜的生长发育周期是怎样划分的

2. 黄瓜对环境条件有什么要求

3. 黄瓜可分为哪几种类型？各有何特点

指导教师签字：

工作计划单

| 第 　 组 | 姓　名： | 时　间： |

任务名称	制定日光温室黄瓜越冬茬生产计划
目的要求	根据当地的气候条件、设施性能，确定黄瓜栽培的播种期、定植期和收获期，制定生产作业历。并考虑销售地人们的消费习惯，选择适宜的黄瓜品种。列出所需生产资料清单并进行预算。制定生产技术路线。

1. 日光温室内黄瓜越冬茬栽培作业历

栽培茬次	播种期	定植期	开花结果期	收获期

2. 品种选择

3. 材料用具及预算

4. 日光温室黄瓜越冬茬生产的技术路线

指导教师签字：

生产实训技能单

第　　组　　　　　　姓　　　名：　　　　　　　　　　时　　间：

任务名称	日光温室越冬茬黄瓜定植植株调整
目的要求	通过实际操作学会黄瓜整地定植、吊蔓整枝、落蔓等基本技能。
材料用具	黄瓜苗，黄瓜植株，吊蔓绳、吊秧夹，常用农具等。

1. 整地定植

2. 黄瓜吊蔓整枝

3. 落蔓

考核标准	考核项目	分值	得分
	按要求完成整地定植任务，成活率达90%	30分	
	按要求完成吊蔓、整枝工作任务	30分	
	及时完成落蔓工作任务	30分	
	在整枝和采收过程中对植株无损伤	10分	
	备注：可根据生产周期连续考核	100分	

指导教师签字：

田间调查作业单 1

第　　　　组　　　　　　姓　　　　名：　　　　　　　　　时　　　　间：

任务名称	黄瓜生长发育周期调查		
目的要求	跟踪调查并记录黄瓜生长发育周期，了解不同时期的生育特性，掌握不同时期的栽培技术要点。提供黄瓜不同生育期的图片。		
材料用具	不同生育时期的黄瓜植株。		
生育时期	起止日期（天数）	生育特性	栽培要点
发芽期			
幼苗期			
初花期（伸蔓期）			
结果期			
产量估算			

指导教师签字：

田间调查作业单 2

第   组   姓   名：   时   间：

任务名称	黄瓜的形态特征调查	
目的要求	调查了解黄瓜植株的形态特征，掌握其特征特性与栽培的关系。提供黄瓜各器官的图片。	
材料用具	黄瓜结果期植株	
调查内容	特征特性	与栽培的关系
根		
茎叶		
花		
果实		
种子		

指导教师签字：

信息采集单

第　　组	姓　　名：　　　　　　　　　　时　　间：	
任务名称	日光温室内茄子越冬茬栽培信息采集	
目的要求	通过线上线下自主学习，收集信息，了解茄子的生物学特性及常见品种类型。	

1. 茄子的生长发育周期是怎样划分的

2. 茄子对环境条件有什么要求

3. 茄子可分为哪几种类型？各有何特点

指导教师签字：

项目 4-8 日光温室茄子越冬茬栽培

工作计划单

第　　　组　　　　　　姓　　名：　　　　　　　　时　　间：

任务名称	制定日光温室茄子越冬茬生产计划
目的要求	根据当地的气候条件、设施性能，确定日光温室内茄子越冬茬栽培的播种期、定植期和收获期，制定生产作业历。考虑销售地人们的消费习惯，选择适宜的茄子品种。列出所需生产资料清单并进行预算。制定生产技术路线。

1. 日光温室茄子越冬茬栽培作业历

栽培茬次	播种期	定植期	收获期

2. 品种选择

3. 材料用具及预算

4. 日光温室内茄子越冬茬生产的技术路线

指导教师签字：

项目 4-8 日光温室茄子越冬茬栽培

生产实训技能单 1

第　　组　　　　　　　　姓　名：　　　　　　　　时　间：

任务名称	茄子嫁接育苗
目的要求	通过实际操作学会茄子劈接、插接等基本嫁接方法，掌握接后管理技术要点。
材料用具	适龄砧木苗、接穗苗，刀片、嫁接夹等嫁接工具。

1. 劈接

2. 插接

3. 接后管理

	考核项目	分值	得分
考核标准	掌握劈接的基本步骤，按要求完成一定数量的嫁接任务	20分	
	掌握插接的基本步骤，按要求完成一定数量的嫁接任务	20分	
	掌握茄子接后管理技术要点，完成接后管理任务	20分	
	嫁接1周后，嫁接苗成活率达70%	40分	
	备注：可根据生产周期连续考核	100分	

指导教师签字：

生产实训技能单 2

第　　组　　　　　　姓　　名：　　　　　　　　时　　间：

任务名称	日光温室越冬茬茄子植株调整
目的要求	通过实际操作学会茄子双干整枝、保花保果、采收等基本技能。
材料用具	茄子植株，植物生长调节剂，吊蔓绳，吊秧夹等。

1. 茄子双干整枝（绘图说明）

2. 保花保果

考核标准	考核项目	分值	得分
	按要求完成整枝工作任务	40分	
	按要求完成保花保果工作任务	40分	
	根据采收标准，正确完成采收工作任务	10分	
	在整枝和采收过程中对植株无损伤	10分	
	备注：可根据生产周期连续考核	100分	

指导教师签字：

項目 4-8 日光温室茄子越冬茬栽培

田间调查作业单 1

第　组　　　　　　　姓　名：　　　　　　时　间：

任务名称	茄子生长发育周期调查		
目的要求	跟踪调查并记录茄子生长发育周期，了解不同时期的生育特性，掌握不同时期的栽培技术要点。提供茄子不同生育期的图片。		
材料用具	不同生育时期的茄子植株。		
生育时期	起止日期（天数）	生育特性	栽培要点
发芽期			
幼苗期			
开花着果期			
结果期			
产量估算			

指导教师签字：

田间调查作业单 2

第　　组　　　　　　姓　　　名：　　　　　　　　时　　　间：

任务名称	茄子的形态特征调查	
目的要求	调查了解茄子植株的形态特征，掌握其特征特性与栽培的关系。提供茄子各器官的图片。	
材料用具	茄子结果期植株。	
调查内容	特征特性	与栽培的关系
根		
茎叶		
花		
果实		
种子		

指导教师签字：

模块 5　设施蔬菜冬春季栽培

项目 5-1   日光温室甘蓝早春茬栽培

信息采集单

第　　组　　　　　　　　姓　名：　　　　　　　　时　间：

任务名称	日光温室甘蓝早春茬栽培信息采集
目的要求	通过线上线下自主学习，收集信息，了解甘蓝的生物学特性及常见品种类型。

1. 甘蓝的生长发育周期是怎样划分的

2. 甘蓝对环境条件有什么要求

3. 甘蓝可分为哪几种类型？各有何特点

指导教师签字：

工作计划单

第　　组	姓　　名：	时　　间：

任务名称	制定日光温室甘蓝早春茬生产计划	
目的要求	根据当地的气候条件、设施性能，确定日光温室甘蓝早春茬栽培的播种期、定植期和收获期，制定生产作业历。考虑销售地人们的消费习惯，选择适宜的甘蓝品种。列出所需生产资料清单并进行预算。制定生产技术路线。	

1. 日光温室甘蓝早春茬栽培作业历

栽培茬次	播种期	定植期	收获期

2. 品种选择

3. 材料用具及预算

4. 日光温室甘蓝早春茬生产的技术路线

指导教师签字：

项目 5-1　日光温室甘蓝早春茬栽培

生产实训技能单

第　　组　　　　　　　姓　　名：　　　　　　　　时　　间：

任务名称	日光温室早春茬甘蓝定植和田间管理
目的要求	通过实际操作学会甘蓝定植、田间管理、采收等基本技能。
材料用具	常用农具，甘蓝幼苗及成株。

1. 定植

2. 田间管理

3. 采收

考核标准	考核项目	分值	得分
	按要求完成定植工作任务	30分	
	按要求完成追肥灌水工作任务	30分	
	按要求完成温光调节工作任务	20分	
	根据采收标准，正确完成采收工作任务	20分	
	备注：可根据生产周期连续考核	100分	

指导教师签字：

田间调查作业单1

第　　　组　　　　　　　　　姓　　名：　　　　　　　　时　　间：

任务名称	甘蓝生长发育周期调查		
目的要求	跟踪调查并记录结球甘蓝生长发育周期，了解不同时期的生育特性，掌握不同时期的栽培技术要点。提供甘蓝不同生育期的手机图片。		
材料用具	不同生育时期的结球甘蓝植株。		
生育时期	起止日期（天数）	生育特性	栽培要点
发芽期			
幼苗期			
莲座期			
结球期			
采收期			
休眠期			
抽薹期 开花期 结荚期			
产量估算			

指导教师签字：

田间调查作业单 2

第　　组　　　　　　姓　　名：　　　　　　　时　　间：

任务名称	甘蓝的形态特征调查	
目的要求	调查了解甘蓝植株的形态特征，掌握其特征特性与栽培的关系。提供甘蓝各器官的图片。	
材料用具	甘蓝结球期植株。	
调查内容	特征特性	与栽培的关系
根		
茎叶		
花		
果实		
种子		

指导教师签字：

信息采集单

第　　组　　　　　　　姓　　名：　　　　　　　　时　　间：

任务名称	日光温室西瓜早春茬栽培信息采集
目的要求	通过线上线下自主学习，收集信息，了解西瓜的生物学特性及其常见品种类型。

1. 西瓜的生长发育周期是怎样划分的

2. 西瓜对环境条件有什么要求

3. 西瓜可分为哪几种类型？各有何特点

指导教师签字：

工作计划单

| 第   组 | | 姓   名： | | 时   间： | |

任务名称	制定日光温室西瓜早春茬生产计划
目的要求	根据当地的气候条件、设施性能，确定日光温室西瓜早春茬栽培的播种期、定植期和收获期，制定生产作业历。并考虑销售地的消费习惯，选择适宜的西瓜品种。列出所需生产资料清单并进行预算。制定生产技术路线。

1. 日光温室西瓜早春茬栽培作业

栽培茬次	播种期	定植期	收获期

2. 品种选择

3. 材料用具及预算

4. 日光温室西瓜早春茬生产的技术路线

指导教师签字：

生产实训技能单

第　　组　　　　　　　姓　　名：　　　　　　　　　时　　间：

任务名称	日光温室早春茬西瓜植株调整
目的要求	通过实际操作学会西瓜吊蔓整枝、人工授粉、留瓜吊瓜等基本技能。
材料用具	西瓜植株，吊瓜用草圈、麻绳等。

1. 西瓜吊蔓栽培整枝方式

2. 人工授粉

3. 留瓜吊瓜

考核标准	考核项目	分值	得分
	按要求完成整枝工作任务	30分	
	按要求完成人工授粉工作任务	30分	
	按要求完成留瓜吊瓜工作任务	30分	
	整枝和采收过程中对植株无损伤	10分	
	备注：可根据生产周期连续考核	100分	

指导教师签字：

田间调查作业单

第　　组　　　　　　姓　　名：　　　　　　　　时　　间：

任务名称	西瓜的形态特征调查	
目的要求	调查了解西瓜植株的形态特征，掌握其特征特性与栽培的关系。提供西瓜各器官的图片。	
材料用具	西瓜结果期植株。	
调查内容	特征特性	与栽培的关系
根		
茎叶		
花		
果实		
种子		

指导教师签字：

信息采集单

第　　组	姓　　名：	时　　间：

任务名称	日光温室苦瓜早春茬栽培信息采集	
目的要求	通过线上线下自主学习，收集信息，了解苦瓜的生物学特性及常见品种类型。	

1. 苦瓜的生长发育周期是怎样划分的

2. 苦瓜对环境条件有什么要求

3. 苦瓜可分为哪几种类型？各有何特点

指导教师签字：

工作计划单

第　　组	姓　名：	时　间：

任务名称	制定日光温室苦瓜早春茬生产计划
目的要求	根据当地的气候条件、设施性能，确定日光温室苦瓜早春茬栽培的播种期、定植期和收获期，制定生产作业历。考虑销售地的消费习惯，选择适宜的苦瓜品种。列出所需生产资料清单并进行预算。制定生产技术路线。

1. 日光温室苦瓜早春茬栽培作业历

栽培茬次	播种期	定植期	收获期

2. 品种选择

3. 材料用具及预算

4. 日光温室苦瓜早春茬生产的技术路线

指导教师签字：

生产实训技能单

第　　组　　　　　　　姓　　名：　　　　　　　　　时　　间：

任务名称	日光温室早春茬苦瓜植株调整和采收
目的要求	通过实际操作学会苦瓜吊蔓整枝、保花保果、采收等基本技能。
材料用具	苦瓜植株，吊蔓绳，吊秧夹等。

1. 苦瓜整枝方式（绘图说明）

2. 保花保果

3. 采收

考核标准	考核项目	分值	得分
	按要求完成整枝工作任务	40分	
	按要求完成保花保果工作任务	30分	
	根据采收标准，正确完成采收工作任务	20分	
	整枝和采收过程中对植株无损伤	10分	
	备注：可根据生产周期连续考核	100分	

指导教师签字：

田间调查作业单

第　　组　　　　　　　姓　　名：　　　　　　　　　时　　间：

任务名称	苦瓜的形态特征调查	
目的要求	调查了解苦瓜植株的形态特征，掌握其特征特性与栽培的关系。提供苦瓜各器官的图片。	
材料用具	苦瓜结果期植株。	
调查内容	特征特性	与栽培的关系
根		
茎叶		
花		
果实		
种子		

指导教师签字：

信息采集单

第　　组	姓　　名：	时　间：

任务名称	塑料大棚豇豆春早熟栽培信息采集
目的要求	通过线上线下自主学习，收集信息，了解豇豆的生物学特性及常见品种类型。

1. 豇豆的生长发育周期是怎样划分的

2. 豇豆对环境条件有什么要求

3. 豇豆可分为哪几种类型？各有何特点

指导教师签字：

项目 5-4 *塑料大棚豇豆春早熟栽培*

工作计划单

第　　　组　　　　　　姓　　名：　　　　　　　　时　　间：

任务名称	制定塑料大棚豇豆春早熟生产计划
目的要求	根据当地的气候条件、设施性能，确定塑料大棚豇豆春早熟栽培的播种期、定植期和收获期，制定生产作业历。考虑销售地的消费习惯，选择适宜的豇豆品种。列出所需生产资料清单并进行预算。制定生产技术路线。

1. 塑料大棚豇豆春早熟栽培作业历

栽培茬次	播种期	定植期	收获期

2. 品种选择

3. 材料用具及预算

4. 塑料大棚豇豆春早熟生产的技术路线

指导教师签字：

生产实训技能单

第　　　组		姓　　名：		时　　间：	

任务名称	塑料大棚豇豆春早熟栽培植株调整和采收
目的要求	通过实际操作学会豇豆植株调整、水肥管理、采收等基本技能。
材料用具	豇豆植株，吊蔓绳等。

1. 整枝摘心

2. 水肥管理

3. 采收

考核标准	考核项目	分值	得分
	按要求完成整枝摘心工作任务	40分	
	按要求完成水肥管理工作任务	30分	
	根据采收标准，正确完成采收工作任务	20分	
	整枝和采收过程中对植株无损伤	10分	
	备注：可根据生产周期连续考核	100分	

指导教师签字：

项目 5-4 塑料大棚豇豆春早熟栽培

田间调查作业单 1

第　　组　　　　　　　姓　　名：　　　　　　　　时　　间：

任务名称	豇豆生长发育周期调查		
目的要求	跟踪调查并记录豇豆生长发育周期，了解不同时期的生育特性，掌握不同时期的栽培技术要点。提供豇豆不同生育期的图片。		
材料用具	不同生育时期的豇豆植株。		
生育时期	起止日期（天数）	生育特性	栽培要点
发芽期			
幼苗期			
伸蔓期			
开花结果期			
产量估算			

指导教师签字：

田间调查作业单 2

第　　组　　　　　　　　姓　　名：　　　　　　　　时　　间：

任务名称	豇豆的形态特征调查	
目的要求	调查了解豇豆植株的形态特征，掌握其特征特性与栽培的关系。提供豇豆各器官的图片。	
材料用具	豇豆结果期植株。	
调查内容	特征特性	与栽培的关系
根		
茎叶		
花		
果实		
种子		

指导教师签字：

信息采集单

| 第　　　组 | | 姓　　名： | 时　　间： |

任务名称	塑料大棚辣椒一大茬栽培信息采集
目的要求	通过认真温习露地辣椒栽培技术资料，复习辣椒生物学特性及常见品种类型，以思维导图的形式展示复习内容。
绘制草图：	

指导教师签字：

工作计划单

| 第　　组 | 姓　名： | | 时　间： |

任务名称	制定塑料大棚辣椒一大茬生产计划
目的要求	根据当地的气候条件、设施性能，确定塑料大棚辣椒一大茬栽培的播种期、定植期和收获期，制定生产作业历。考虑销售地的消费习惯，选择适宜的辣椒品种。列出所需生产资料清单并进行预算。制定生产技术路线。

1. 塑料大棚辣椒一大茬栽培作业历

栽培茬次	播种期	定植期	收获期

2. 品种选择

3. 材料用具及预算

4. 塑料大棚辣椒一大茬生产的技术路线

指导教师签字：

生产实训技能单

第　　组　　　　　　　姓　　名：　　　　　　　时　　间：

任务名称	塑料大棚辣椒植株调整和田间管理
目的要求	通过实际操作学会大棚辣椒双干整枝、再生栽培、水肥管理等基本技能。
材料用具	辣椒植株，吊秧绳，吊秧夹等。

1. 大棚辣椒整枝方式（绘图说明）

2. 辣椒再生栽培

3. 温光水肥管理和采收

考核标准	考核项目	分值	得分
	按要求完成整枝工作任务	30分	
	按要求完成再生栽培剪枝工作任务	30分	
	按要求完成温光水肥管理工作任务	20分	
	根据采收标准，正确完成采收工作任务	20分	
	备注：可根据生产周期连续考核	100分	

指导教师签字：

信息采集单

第　　组		姓　　名：	时　　间：
任务名称		地膜小拱棚双膜覆盖薄皮甜瓜春早熟栽培信息采集	
目的要求		通过线上线下自主学习，收集信息，了解薄皮甜瓜的生物学特性及常见品种类型。	

1. 薄皮甜瓜的生长发育周期是怎样划分的

2. 薄皮甜瓜对环境条件有什么要求

3. 薄皮甜瓜可分为哪几种类型？各有何特点

指导教师签字：

工作计划单

第　　组　　　　　　姓　　名：　　　　　　　　时　　间：

任务名称	制定地膜小拱棚双膜覆盖薄皮甜瓜春早熟生产计划
目的要求	根据当地的气候条件、设施性能，确定地膜小拱棚双膜覆盖薄皮甜瓜春早熟栽培的播种期、定植期和收获期，制定生产作业历。考虑销售地的消费习惯，选择适宜的薄皮甜瓜品种。列出所需生产资料清单并进行预算。制定生产技术路线。

1. 地膜小拱棚双膜覆盖薄皮甜瓜春早熟栽培作业历

栽培茬次	播种期	定植期	撤棚期	收获期

2. 品种选择

3. 材料用具及预算

4. 地膜小拱棚双膜覆盖薄皮甜瓜春早熟生产的技术路线

指导教师签字：

生产实训技能单

第　　组　　　　　　姓　名：　　　　　　　　时　间：

任务名称	地膜小拱棚双膜覆盖薄皮甜瓜春早熟栽培植株调整
目的要求	通过实际操作学会薄皮甜瓜整枝压蔓、保花保果、果实管理及采收等基本技能。
材料用具	薄皮甜瓜植株。

1. 薄皮甜瓜整枝方式（绘图说明）
　（1）三蔓整枝　　　　　　　　　　（2）四蔓整枝

2. 保花保果及果实管理

3. 采收

<table>
<tr><td rowspan="6">考
核
标
准</td><td>考核项目</td><td>分值</td><td>得分</td></tr>
<tr><td>按要求完成整枝工作任务</td><td>40分</td><td></td></tr>
<tr><td>按要求完成保花保果工作任务</td><td>30分</td><td></td></tr>
<tr><td>根据采收标准，正确完成采收工作任务</td><td>20分</td><td></td></tr>
<tr><td>整枝和采收过程中对植株无损伤</td><td>10分</td><td></td></tr>
<tr><td>备注：可根据生产周期连续考核</td><td>100分</td><td></td></tr>
</table>

指导教师签字：

田间调查作业单

第　　组　　　　　　　　姓　　名：　　　　　　　时　　间：

任务名称	地膜小拱棚双膜覆盖薄皮甜瓜春早熟皮甜瓜的形态特征调查	
目的要求	调查了解薄皮甜瓜植株的形态特征，掌握其特征特性与栽培的关系。提供薄皮甜瓜各器官的图片。	
材料用具	薄皮甜瓜结果期植株。	
调查内容	特征特性	与栽培的关系
根		
茎叶		
花		
果实		
种子		

指导教师签字：

信息采集单

第　　组　　　　　　　姓　名：　　　　　　　　时　间：

任务名称	地膜马铃薯春早熟栽培信息采集
目的要求	通过线上线下自主学习，收集信息，了解马铃薯的生物学特性及常见品种类型。

1. 马铃薯的生长发育周期是怎样划分的

2. 马铃薯对环境条件有什么要求

3. 马铃薯可分为哪几种类型？各有何特点

指导教师签字：

工作计划单

第　　组　　　　　　　姓　　名：　　　　　　　时　　间：

任务名称	制定地膜马铃薯春早熟生产计划
目的要求	根据当地的气候条件、设施性能，确定地膜马铃薯春早熟栽培的播种期、定植期和收获期，制定生产作业历。考虑销售地的消费习惯，选择适宜的马铃薯品种。列出所需生产资料清单并进行预算。制定生产技术路线。

1. 地膜马铃薯早熟栽培作业历

栽培茬次	播种期	定植期	收获期

2. 品种选择

3. 材料用具及预算

4. 地膜马铃薯春早熟生产的技术路线

指导教师签字：

生产实训技能单

| 第　　组 | 姓　　名： | 时　　间： |

任务名称	地膜马铃薯播种和田间管理
目的要求	通过实际操作学会马铃薯播种和田间管理等基本技能。
材料用具	马铃薯种薯、植株，地膜，常用农具等。

1. 种薯处理

2. 播种

3. 田间管理和收获

考核标准	考核项目	分值	得分
	按要求完成种薯处理工作任务	30分	
	按要求完成播种覆膜工作任务	30分	
	按要求完成追肥灌水等工作任务	20分	
	根据采收标准，正确完成采收工作任务	20分	
	备注：可根据生产周期连续考核	100分	

指导教师签字：

田间调查作业单 1

第　　　组　　　　　　　姓　　　名：　　　　　　　时　　　间：

任务名称	马铃薯生长发育周期调查		
目的要求	跟踪调查并记录马铃薯生长发育周期，了解不同时期的生育特性，掌握不同时期的栽培技术要点。提供马铃薯不同生育期的图片。		
材料用具	不同生育时期的马铃薯植株。		
生育时期	起止日期（天数）	生育特性	栽培要点
发芽期			
幼苗期			
发棵期			
结薯期			
休眠期			
产量估算			

指导教师签字：

田间调查作业单 2

第　　组　　　　　　　姓　　　名：　　　　　　　　时　　　间：

任务名称	马铃薯的形态特征调查	
目的要求	调查了解马铃薯植株的形态特征，掌握其特征特性与栽培的关系。提供马铃薯各器官的图片。	
材料用具	马铃薯结薯期植株。	
调查内容	特征特性	与栽培的关系
根		
茎		
叶		
花		
果实种子		

指导教师签字：

信息采集单

第　　组　　　　　　姓　名：　　　　　　　　　　时　　间：

任务名称	小拱棚生姜栽培信息采集
目的要求	通过线上线下自主学习，收集信息，了解姜的生物学特性及常见品种类型。

1. 生姜的生长发育周期是怎样划分的

2. 生姜对环境条件有什么要求

3. 生姜可分为哪几种类型？各有何特点

指导教师签字：

工作计划单

第   组   姓   名：   时   间：

任务名称	制定小拱棚生姜生产计划
目的要求	根据当地的气候条件、设施性能，确定小拱棚生姜栽培的播种期、定植期和收获期，制定生产作业历。考虑销售地的消费习惯，选择适宜的生姜品种。列出所需生产资料清单并进行预算。制定生产技术路线。

1. 小拱棚生姜栽培作业历

栽培茬次	播种期	定植期	撤膜期	收获期

2. 品种选择

3. 材料用具及预算

4. 小拱棚生姜生产的技术路线

指导教师签字：

生产实训技能单

第　　组　　　　　　姓　　名：　　　　　　　　时　　间：

任务名称	日光温室小拱棚生姜播种及田间管理
目的要求	通过实际操作学会姜种处理、播种、扣小拱棚、追肥灌水及收获等基本技能。
材料用具	生姜植株，拱架、地膜，常用农具等。

1. 姜种处理

2. 播种扣棚

3. 田间管理和收获

考核标准	考核项目	分值	得分
	按要求完成姜种处理工作任务	30分	
	按要求完成播种和扣小拱棚工作任务	30分	
	按要求完成追肥灌水和培土等工作任务	20分	
	根据采收标准，正确完成采收工作任务	20分	
	备注：可根据生产周期连续考核	100分	

指导教师签字：

田间调查作业单 1

第　　组　　　　　　姓　名：　　　　　　　　时　间：

任务名称	生姜生长发育周期调查		
目的要求	跟踪调查并记录生姜生长发育周期，了解不同时期的生育特性，掌握不同时期的栽培技术要点。提供生姜不同生育期的图片。		
材料用具	不同生育时期的生姜植株。		
生育时期	起止日期（天数）	生育特性	栽培要点
发芽期			
幼苗期			
旺盛生长期			
休眠期			
产量估算			

指导教师签字：

田间调查作业单 2

第　　组　　　　　　　　姓　名：　　　　　　　　时　　间：

任务名称	生姜形态特征调查	
目的要求	调查了解生姜植株的形态特征，掌握其特征特性与栽培的关系。提供生姜各器官的图片。	
材料用具	生姜收获期植株。	
调查内容	特征特性	与栽培的关系
根		
茎		
叶		
花果实种子		

指导教师签字：

模块 6　多年生及杂类蔬菜栽培

信息采集单

第　组　　　　　　　姓　名：　　　　　　　　　时　间：

任务名称	芦笋多年生栽培信息采集
目的要求	通过线上线下自主学习，收集信息，了解芦笋的生物学特性及常见品种类型。

1. 芦笋的生长发育周期是怎样划分的

2. 芦笋对环境条件有什么要求

3. 芦笋可分为哪几种类型？各有何特点

指导教师签字：

工作计划单

第　　组		姓　　名：		时　　间：	

任务名称	制定绿芦笋多年生生产计划
目的要求	根据当地的气候条件，确定芦笋的播种期、定植期和收获期，制定生产作业历。考虑销售地消费习惯，选择适宜品种。列出所需生产资料清单并进行预算。制定生产技术路线。

1. 绿芦笋露地多年生栽培作业历

栽培茬次	播种期	定植期	收获期

2. 品种选择

3. 材料用具及预算

4. 绿芦笋露地生产的技术路线

指导教师签字：

生产实训技能单

第　　组　　　　　　姓　　名：　　　　　　　　　时　　间：

任务名称	绿芦笋定植及田间管理
目的要求	通过实际操作学会绿芦笋定植、植株整理、水肥管理、留养母茎等基本技能。
材料用具	芦笋植株；竹竿、尼龙绳，肥料，常用农具等。

1. 定植

2. 植株整理

3. 水肥管理

4. 留养母茎

考核标准	考核项目	分值	得分
	按要求完成芦笋定植工作任务	30分	
	按要求完成植株整理工作任务	30分	
	按要求完成水肥管理工作任务	20分	
	按要求完成留养母茎工作任务	20分	
	备注：可根据生产周期连续考核	100分	

指导教师签字：

田间调查作业单

第　　组　　　　　　　姓　　名：　　　　　　　　　时　　间：

任务名称	芦笋的形态特征调查	
目的要求	调查了解芦笋植株的形态特征，掌握其特征特性与栽培的关系。提供芦笋各器官的图片。	
材料用具	芦笋植株。	
调查内容	特征特性	与栽培的关系
根		
茎		
叶		
花		
果实		
种子		

指导教师签字：

信息采集单

第　　组　　　　　　　姓　　名：　　　　　　　　时　　间：

任务名称	黄花菜多年生栽培信息采集
目的要求	通过线上线下自主学习，收集信息，了解黄花菜的生物学特性及常见品种类型。

1. 黄花菜的生长发育周期是怎样划分的

2. 黄花菜对环境条件有什么要求

3. 黄花菜可分为哪几种类型？各有何特点

指导教师签字：

工作计划单

第　　　组	姓　　名：	时　　间：

任务名称	制定黄花菜多年生生产计划
目的要求	根据当地的气候条件、设施性能，确定黄花菜的分株期、定植期和收获期，制定生产作业历。考虑销售地的消费习惯，选择适宜品种。列出所需生产资料清单并进行预算。制定生产技术路线。

1. 露地黄花菜多年生栽培作业历

栽培茬次	分株期	定植期	收获期

2. 品种选择

3. 材料用具及预算

4. 黄花菜露地生产的技术路线

指导教师签字：

生产实训技能单

第　　组　　　　　　　姓　　名：　　　　　　　　　时　　间：

任务名称	黄花菜分株繁殖、定植和田间管理
目的要求	通过实际操作学会黄花菜分株繁殖、定植、田间管理和采收等基本技能。
材料用具	黄花菜种株，常用农具，肥料等。

1. 分株繁殖

2. 定植

3. 田间管理和采收

考核标准	考核项目	分值	得分
	按要求完成分株繁殖工作任务	30分	
	按要求完成定植工作任务	30分	
	按要求完成田间管理工作任务	20分	
	根据采收标准，正确完成采收工作任务	20分	
	备注：可根据生产周期连续考核	100分	

指导教师签字：

田间调查作业单 1

第 组　　　　　　姓　　名：　　　　　　时　间：

任务名称	黄花菜生长发育周期调查		
目的要求	跟踪调查并记录黄花菜生长发育周期，了解不同时期的生育特性，掌握不同时期的栽培技术要点。提供黄花菜不同生育期的图片。		
材料用具	不同生育时期的黄花菜植株。		
生育时期	起止日期（天数）	生育特性	栽培要点
苗期			
抽薹期			
结蕾期			
休眠越冬期			
产量估算			

指导教师签字：

田间调查作业单 2

第　　组　　　　　　　　　　　姓　　名：　　　　　　　　　　　时　　间：

任务名称	黄花菜的形态特征调查	
目的要求	调查了解黄花菜植株的形态特征，掌握其特征特性与栽培的关系。提供黄花菜各器官的图片。	
材料用具	黄花菜开花期植株。	
调查内容	特征特性	与栽培的关系
根		
茎叶		
花		
果实		
种子		

指导教师签字：

信息采集单

第　　组	姓　名：		时　间：
任务名称	日光温室香椿冬春季高密度假植栽培信息采集		
目的要求	通过线上线下自主学习，收集信息，了解香椿的生物学特性及常见品种类型。		

1. 香椿的生长发育周期是怎样划分的

2. 香椿对环境条件有什么要求

3. 香椿可分为哪几种类型？各有何特点

指导教师签字：

项目 6-3 日光温室香椿冬春季高密度假植栽培

<h1 style="text-align:center">工作计划单</h1>

第　　组	姓　名：	时　间：

任务名称	制定日光温室香椿冬春高密度假植栽培生产计划
目的要求	根据当地的气候条件、设施性能，确定香椿栽培的播种期、定植期和收获期，制定生产作业历。考虑销售地的消费习惯，选择适宜香椿品种。列出所需生产资料清单并进行预算。制定生产技术路线。

1. 日光温室香椿冬春高密度假植栽培作业历

栽培茬次	播种期	定植期	开花结果期	收获期

2. 品种选择

3. 材料用具及预算

4. 日光温室香椿冬春高密度假植生产的技术路线

指导教师签字：

生产实训技能单

| 第　　　组 | 姓　　名：　　　　　　　　时　　间： |

任务名称	香椿苗木本繁育及矮化处理
目的要求	通过实际操作学会香椿实生育苗、苗期管理、矮化处理等基本技能。
材料用具	香椿种子、香椿苗木，常用农具，肥料等。

1. 播种

2. 苗期管理

3. 矮化处理

考 核 标 准	考核项目	分值	得分
	按要求完成浸种催芽工作任务	20分	
	按要求完成播种工作任务	20分	
	按要求完成苗期管理工作任务	30分	
	按要求完成矮化处理工作任务	30分	
	备注：可根据生产周期连续考核	100分	

指导教师签字：

项目 6-3 日光温室香椿冬春季高密度假植栽培

田间调查作业单 1

第　　组　　　　　姓　　名：　　　　　　时　　间：

任务名称	香椿生长发育周期调查		
目的要求	跟踪调查并记录香椿生长发育周期，了解不同时期的生育特性，掌握不同时期的栽培技术要点。提供香椿不同生育期的图片。		
材料用具	不同生育时期的香椿植株。		
生育时期	起止日期（天数）	生育特性	栽培要点
发芽期			
幼苗期			
苗木速长期（矮化处理期）			
假植栽培期			
产量估算			

指导教师签字：

田间调查作业单 2

第　　组　　　　　　　　姓　　名：　　　　　　　　时　　间：

任务名称	香椿的形态特征调查	
目的要求	调查了解香椿植株的形态特征，掌握其特征特性与栽培的关系。提供香椿各器官的图片。	
材料用具	香椿植株。	
调查内容	特征特性	与栽培的关系
根		
茎		
叶		
花果实种子		

指导教师签字：

项目 6-4　芽苗蔬菜栽培

信息采集单

第　　组　　　　　　姓　名：　　　　　　　时　间：

任务名称	芽苗蔬菜栽培信息采集
目的要求	通过线上线下自主学习，收集信息，了解芽苗蔬菜的类型和种类、芽苗蔬菜的特点。

1. 芽苗蔬菜的类型有哪些？各包含哪些种类

2. 芽苗蔬菜生产的特点有哪些

3. 豌豆芽苗无土生产如何选择场地

指导教师签字：

工作计划单

第　组　　　　　姓　名：　　　　　　　时　间：

任务名称	制定豌豆芽苗无土生产计划
目的要求	根据实验室条件和设备情况，确定豌豆芽无土栽培的播种期、产品形成期和收获期，制定生产作业历。选择适宜豌豆品种。列出所需生产资料清单并进行预算。制定生产技术路线。

1. 豌豆芽苗无土生产作业历

生产周期	播种期	产品形成期	采收期

2. 品种选择

3. 材料用具及预算

4. 豌豆芽苗无土生产的技术路线

指导教师签字：

生产实训技能单

第　　组　　　　　　　姓　　名：　　　　　　　　时　　间：

任务名称	豌豆芽苗无土生产
目的要求	通过实际操作学会种子播前处理、播种与催芽、产品形成期管理和采收等基本技能。
材料用具	豌豆种子，播种容器等。

1. 种子播前处理

2. 播种与催芽

3. 产品形成期管理

4. 采收

考核标准	考核项目	分值	得分
	按要求完成种子播前处理工作任务	20分	
	按要求完成播种与催芽工作任务	40分	
	完成产品形成期管理工作任务	20分	
	根据采收标准，正确完成采收工作任务	20分	
	备注：可根据生产周期连续考核	100分	

指导教师签字：

田间调查作业单

第　　组　　　　　　　姓　　名：　　　　　　　　时　　间：

任务名称	豌豆芽苗生长周期调查		
目的要求	跟踪调查并记录豌豆芽苗生长周期，了解不同时期的特性，掌握不同时期的栽培技术要点。提供豌豆芽苗不同时期的图片。		
材料用具	不同时期的豌豆芽苗。		
生长时期	起止日期（天数）	生长特性	栽培要点
发芽期			
产品形成期			
采收期			
产量估算			

指导教师签字：

信息采集单

第　　组　　　　　　姓　名：　　　　　　　　时　间：

任务名称	莲藕栽培信息采集
目的要求	通过线上线下自主学习，收集信息，了解莲藕的生物学特性及常见品种类型。

1. 莲藕的生长发育周期是怎样划分的

2. 莲藕对环境条件有什么要求

3. 莲藕可分为哪几种类型？各有何特点

指导教师签字：

工作计划单

第　　组　　　　　　　姓　　名：　　　　　　　　　时　　间：

任务名称	制定莲藕生产计划
目的要求	根据当地的气候条件，确定莲藕栽培的育苗期、定植期和采收期，制定生产作业历。考虑销售地的消费习惯，选择适宜品种。列出所需生产资料清单并进行预算。制定生产技术路线。

1. 莲藕栽培作业历

栽培茬次	育苗期	定植期	结藕期	采收期

2. 品种选择

3. 材料用具及预算

4. 莲藕露地生产的技术路线

指导教师签字：

生产实训技能单

第　　组　　　　　　姓　　名：　　　　　　　　　　时　　间：

任务名称	莲藕栽培水层管理、拨转藕头和采收
目的要求	通过实际操作学会莲藕水层管理、拨转藕头和采收等基本技能。
材料用具	莲藕植株等。

1. 水层管理

2. 拨转藕头

3. 采收

考	考核项目	分值	得分
核	按要求完成水层管理工作任务	30分	
	按要求完成拨转藕头工作任务	30分	
标	根据采收标准，正确完成采收工作任务	30分	
	拨转藕头过程中对植株无损伤	10分	
准	备注：可根据生产周期连续考核	100分	

指导教师签字：

田间调查作业单 1

第　　组　　　　　　　姓　　名：　　　　　　　时　　间：

任务名称	莲藕生长发育周期调查		
目的要求	跟踪调查并记录莲藕生长发育周期，了解不同时期的生育特性，掌握不同时期的栽培技术要点。提供莲藕不同生育期的图片。		
材料用具	不同生育时期的莲藕植株。		
生育时期	起止日期（天数）	生育特性	栽培要点
幼苗期			
成苗期			
开花结果期			
结藕期			
休眠期			
产量估算			

指导教师签字：

田间调查作业单 2

第　　组　　　　　　　　姓　　名：　　　　　　　　时　　间：

任务名称	莲藕的形态特征调查	
目的要求	调查了解莲藕植株的形态特征，掌握其特征特性与栽培的关系。提供莲藕各器官的图片。	
材料用具	莲藕结藕期植株。	
调查内容	特征特性	与栽培的关系
根		
茎叶		
花		
果实		
种子		

指导教师签字：